新时代大学计算机通识教育教材

谭浩强 主编

鲍有文 周海燕 赵重敏 鞠慧敏 编著

C程序设计试题汇编

第四版

清华大学出版社

北京

内 容 简 介

本书是为学习 C 语言程序设计的读者提供的参考书。书中精心设计的试题对读者熟练地掌握 C 语言,特别是对准备参加各类计算机(C 语言程序设计)等级考试的应试者具有很大的参考价值。

全书分 12 章,共提供了一千余道测试题。这些试题基本覆盖了 C 语言程序设计课程的主要内容,其内容满足了现行全国计算机等级考试(C 语言程序设计)大纲的全部要求。试题分为选择题、填空题和编程题三类,并附有全部试题的答案,以方便读者自测。本书中的全部试题均在 Visual Studio 2010 集成环境下进行了调试。

本书适合作为考前辅导教材,也可作为各类相关人员学习 C 语言程序设计的辅导教材或自学参考书。

图书在版编目(CIP)数据

C 程序设计试题汇编/谭浩强主编.—4 版.—北京:清华大学出版社,2023.10

新时代大学计算机通识教育教材

ISBN 978-7-302-64761-4

Ⅰ. ①C… Ⅱ. ①谭… Ⅲ. ①C 语言－程序设计－高等学校－习题集 Ⅳ. ①TP312.8-44

中国国家版本馆 CIP 数据核字(2023)第 192606 号

责任编辑:袁勤勇
封面设计:常雪影
责任校对:郝美丽
责任印制:沈 露

出版发行:清华大学出版社
    网 址:http://www.tup.com.cn,http://www.wqbook.com
    地 址:北京清华大学学研大厦 A 座   邮 编:100084
    社 总 机:010-83470000   邮 购:010-62786544
    投稿与读者服务:010-62776969,c-service@tup.tsinghua.edu.cn
    质量反馈:010-62772015,zhiliang@tup.tsinghua.edu.cn
印 装 者:三河市龙大印装有限公司
经 销:全国新华书店
开 本:185mm×260mm   印 张:20.5   字 数:474 千字
版 次:1998 年 4 月第 1 版 2023 年 11 月第 4 版 印 次:2023 年 11 月第 1 次印刷
定 价:69.00 元

产品编号:098115-01

前　言

随着计算机技术的飞速发展,学习和掌握计算机语言的使用已经成为越来越多的高等学校学生及相关人员的迫切需要。特别是 C 语言,作为国内高等院校普遍开设的计算机程序设计类语言课程以及程序开发人员必须掌握的计算机语言之一,已得到日益广泛的应用并成为各类计算机语言考试中的必考内容。

为了帮助广大读者更熟练地使用 C 语言,特别是帮助参加计算机程序设计语言考试的应试者进行考前复习,我们重新编写了《C 程序设计试题汇编》(第四版)。该书自 1998 年 4 月第 1 版出版以来,已累计印刷了38 次,总印数超 30 万册。为了满足广大读者的进一步需求并根据现行全国计算机等级考试二级 C 语言程序设计考试大纲的内容,我们重新对全书进行了审阅和修订。

本书包括 12 章,共提供 1000 余道测试题。这些题目覆盖了 C 语言程序设计课程的全部内容。试题形式包括选择题、填空题和编程题三类,并提供了全部试题的参考答案。本书中的全部试题均在 Visual Studio 2010 集成环境下进行了编译和运行。

参与本书编写的人员有鲍有文教授(编写第 1 章、第 2 章、第 4 章、第12 章)、周海燕副教授(编写第 3 章、第 8 章、第 10 章、第 11 章)、赵重敏高级工程师(编写第 7 章、第 9 章)、鞠慧敏讲师(编写第 5 章、第 6 章)。

在本书的修订工作中得到了谭浩强教授的宝贵指导和支持,洪宏高级工程师参与了本书部分试题的上机调试,在此表示由衷的感谢。由于作者水平有限,本书难免会有不完善之处,热切期望得到有关专家和各位读者的批评指正。

作　者

2023 年 10 月于北京

目　录

第一部分　试　题

第二部分　参考答案

新世纪

第一部分 试 题

第 1 章　程序设计和 C 语言

1.1　选　择　题

【题 1.1】以下不属于程序设计阶段的任务是_____。

    A）算法设计　　　　　　　　　B）数据描述

    C）程序确认测试计划　　　　　　D）程序流程描述

【题 1.2】在编写 C 程序前，必须进行算法设计，以下不属于常用算法描述方法的是_____。

    A）软件结构图　　B）自然语言　　C）N-S 流程图　　D）传统流程图

【题 1.3】以下叙述不正确的是_____。

    A）一个 C 程序可由一个或多个函数组成

    B）一个 C 程序的执行都是从 main 函数开始的

    C）C 程序的基本组成单位是函数

    D）一个 C 程序中的各个函数之间可以相互调用

【题 1.4】C 语言规定：在一个源程序中，main 函数的位置_____。

    A）必须在最开始　　　　　　　B）必须在系统调用的库函数的后面

    C）可以在任意位置　　　　　　D）必须在最后

【题 1.5】一个 C 语言程序由_____。

    A）一个主程序和若干子程序组成　　B）函数组成

    C）若干过程组成　　　　　　　　　D）若干子程序组成

1.2　填　空　题

【题 1.6】在计算机程序设计语言中，数据有两种表现形式：常量和【】。

【题 1.7】一个程序的有效算法应该具有的特性是有穷性、确定性、有零个或多个输入、【1】和【2】。

【题 1.8】C 语言的源程序必须通过【1】和【2】后，才能被计算机执行。

【题 1.9】结构化程序由【1】、【2】、【3】3 种基本结构组成。

【题 1.10】C 语言源程序的基本单位是【　】。

【题 1.11】一个 C 程序可由一个【　】函数和若干个其他函数构成。

【题 1.12】在 C 语言中，输入操作是由库函数【1】完成的，输出操作是由库函数【2】完成的。

第2章 数据类型、运算符和表达式

2.1 选 择 题

【题2.1】下面4个选项中,不是C语言关键字的选项是_____。

  A) define   B) getc   C) include   D) while

    IF   char   scanf   go

    type   printf   case   pow

【题2.2】下面4个选项中,是C语言关键字的选项是_____。

  A) auto   B) switch   C) signed   D) if

    enum   typedef   union   struct

    include   continue   scanf   type

【题2.3】下面4个选项中,不合法的用户标识符选项是_____。

  A) Month   B) open   C) b+a   D) _123N

    P_0   h11   goto   temp

    do   _ABC   day   BASIC

【题2.4】C语言中的标识符只能由字母、数字和下画线3种字符组成,且第一个字符_____。

  A) 必须为字母   B) 必须为下画线

  C) 必须为字母或下画线   D) 可以是字母、数字和下画线中的任一种字符

【题2.5】下面4个选项中,是合法的整型常量的选项是_____。

  A) 160   B) -0xcdf   C) -01   D) -0x48a

    -0xffff   01a   986,012   2e5

    011   0xe   0668   0x

【题2.6】以下叙述中不正确的是_____。

  A) 在C程序中,从一个常量的表现形式即可判定其数据类型

  B) C程序中的实型常量都作为双精度浮点型常量来处理

  C) 在C程序中一个常量的末尾加写专用字符可以强制指定该常量的数据类型

  D) C程序中的整型常量不能带小数点且数值的有限范围没有限制

【题2.7】下面4个选项中,不合法的实型常量选项是_____。

  A) 160.   B) 123.456   C) -.18   D) -0.123E-2

    0.12   2e4.2   123e4   .234

    1.23e3   -1.5e   0.0   10E10

【题 2.8】 下面 4 个选项中,是合法实型常量的选项是_____。

A) +1e+1   B) -.60   C) 123e   D) -e3

　　5e-9.4   12e-4   1.2e-.4   .8e-4

　　03e2   -8e5   +2e-1   5.e-0

【题 2.9】 下面 4 个选项中,是合法转义字符的选项是_____。

A) ′\′′   B) ′\′   C) ′\018′   D) ′\\0′

　　′\\′   ′\017′   ′\f′   ′\101′

　　′\n′   ′\"′   ′xab′   ′x1f′

【题 2.10】 下面 4 个选项中,不合法的转义字符的选项是_____。

A) ′\"′   B) ′\1011′   C) ′\011′   D) ′\abc′

　　′\\′   ′\′   ′\f′   ′\101′

　　′\xf′   ′\a′   ′\}′   ′x1f′

【题 2.11】 下面正确的字符常量是_____。

A) "c"   B) "\\"   C) ′W′   D) ′′

【题 2.12】 下面 4 个选项中,是正确的八进制数或十六进制数的选项是_____。

A) -10   B) 0abc   C) 0010   D) 0a12

　　0x8f   -017   -0x11   -0x123

　　-011   0xc   0xf1   -0xa

【题 2.13】 下面 4 个选项中,是正确的数值常量或字符常量的选项是_____。

A) 0.0   B) "a"   C) ′3′   D) +001

　　0f   3.9E-2.5   011   0xabcd

　　8.9e   1e1   0xFF00   2e2

　　′&′   ′\"′   0a   50.

【题 2.14】 下面 4 个选项中,非法常量的选项是_____。

A) ′as′   B) ′\\′   C) -0x18   D) 0xabc

　　-0fff   ′\01′   01177   ′\0′

　　′\0xa′   12,456   0xf   "a"

【题 2.15】 下面不正确的字符串常量是_____。

A) ′abc′   B) "12′12"   C) "0"   D) " "

【题 2.16】 对应以下各代数式中,若变量 a 和 x 均为 double 类型,则不正确的 C 语言表达式是_____。

代数式　　　　　　　C 语言表达式

A) $\dfrac{e^{(x^2/2)}}{\sqrt{2\pi}}$　　　　exp(x * x/2)/sqrt(2 * 3.14159)

B) $\dfrac{1}{2}\left(ax+\dfrac{a+x}{4a}\right)$　　1.0/2.0 * (a * x+(a+x)/(4 * a))

C) $\sqrt{(\sin x)^{2.5}}$　　　　sqrt((pow(sin(x * 3.14159/180),2.5))

D) x^2-e^5　　　　　　x * x-exp(5.0)

【题 2.17】 若有代数式 $\dfrac{3ae}{bc}$，则不正确的 C 语言表达式是_____。

A) a/b/c * e * 3　　　　　　　　　　B) 3 * a * e/b/c

C) 3 * a * e/b * c　　　　　　　　　　D) a * e/c/b * 3

【题 2.18】 以下表达式值为 3 的是_____。

A) 16－13％10　　　　　　　　　　B) 2+3/2

C) 14/3－2　　　　　　　　　　　　D) (2+6)/(12－9)

【题 2.19】 设有说明语句：int k＝7，x＝12；，则以下能使值为 3 的表达式是_____。

A) x％＝(k％＝5)　　　　　　　　　B) x％＝(k－k％5)

C) x％＝k－k％5　　　　　　　　　D) (x％＝k)－(k％＝5)

【题 2.20】 若 x、i、j 和 k 都是 int 型变量，则执行表达式 x＝(i＝4，j＝16，k＝32)后 x 的值为_____。

A) 4　　　　　　B) 16　　　　　　C) 32　　　　　　D) 52

【题 2.21】 若变量 a 和 b 均为整型，则表达式(a＝2，b＝5，b++，a+b)的值是_____。

A) 7　　　　　　B) 8　　　　　　C) 6　　　　　　D) 2

【题 2.22】 已知各变量的类型说明如下：

```
int      k, a, b;
unsigned long w=5;
double   x=1.42;
```

则以下不正确的表达式是_____。

A) x％(-3)　　　　　　　　　　　　B) w+=-2

C) k=(a=2,b=3,a+b)　　　　　　　D) a+=a-=(b=4) * (a=3)

【题 2.23】 已知各变量的类型说明如下：

```
int i=8, k, a, b;
unsigned long w=5;
double x=1.42, y=5.2;
```

则以下正确的表达式是_____。

A) a+=a-=(b=4) * (a=3)　　　　　　B) a=a * 3=2

C) x％(-3)　　　　　　　　　　　　D) y=float(i)

【题 2.24】 以下不正确的叙述是_____。

A) 在 C 程序中，逗号运算符的优先级最低

B) 在 C 程序中，APH 和 aph 是两个不同的变量

C) 若 a 和 b 类型相同，在执行了赋值表达式 a=b 后，b 中的值将放入 a 中，而 b 中的值不变

D) 当从键盘输入数据时，对于整型变量只能输入整型数值，对于实型变量只能输入实型数值

【题 2.25】 以下正确的叙述是_____。

    A）在 C 程序中，每行中只能写一条语句

    B）若 a 是实型变量，C 程序中允许赋值 a=10，因此实型变量中允许存放整型数

    C）在 C 程序中，无论是整数还是实数，都能被准确无误地表示

    D）在 C 程序中，% 是只能用于整数运算的运算符

【题 2.26】 已知字母 A 的 ASCII 码为十进制数 65，且定义 c2 为字符型变量，则执行语句 c2='A'+'6'-'3';后，c2 中的值为_____。

    A）D   B）68   C）不确定的值   D）C

【题 2.27】 在 C 语言中，要求运算数必须是整型的运算符是_____。

    A）/   B）++   C）!=   D）%

【题 2.28】 若有说明语句：char c='\72';，则变量 c _____。

    A）包含 1 个字符   B）包含 2 个字符

    C）包含 3 个字符   D）说明不合法，c 的值不确定

【题 2.29】 若有定义语句：int a=7;float x=2.5,y=4.7;，则表达式 x+a%3 * (int)(x+y)%2/4 的值是_____。

    A）2.500 000   B）2.750 000   C）3.500 000   D）0.000 000

【题 2.30】 sizeof(float) 是_____。

    A）一个双精度型表达式   B）一个整型表达式

    C）一种函数调用   D）一个不合法的表达式

【题 2.31】 以下叙述中错误的是_____。

    A）用符号名表示的常量称为符号常量

    B）常量是程序运行过程中其值不能被改变的量

    C）定义一个符号常量时必须要用类型名来设定该常量的类型

    D）符号常量不是变量，在程序中不能对其赋新值

【题 2.32】 设以下变量均为 int 类型，则值不等于 7 的表达式是_____。

    A）(x=y=6,x+y,x+1)   B）(x=y=6,x+y,y+1)

    C）(x=6,x+1,y=6,x+y)   D）(y=6,y+1,x=y,x+1)

【题 2.33】 若有代数式 $\sqrt{y^x+\lg y}$，则正确的 C 语言表达式是_____。

    A）sqrt(fabs(pow(y,x)+log(y)))

    B）sqrt(abs(pow(y,x)+log(y)))

    C）sqrt(fabs(pow(x,y)+log(y)))

    D）sqrt(abs(pow(x,y)+log(y)))

【题 2.34】 若有代数式 $|x^3+\log_{10}x|$，则正确的 C 语言表达式是_____。

    A）fabs(x * 3+log(x))   B）abs(pow(x,3)+log(x))

    C）abs(pow(x,3.0)+log(x))   D）fabs(pow(x,3.0)+log(x))

【题 2.35】 在 C 语言中，char 型数据在内存中的存储形式是_____。

    A）补码   B）反码   C）原码   D）ASCII 码

【题 2.36】设变量 n 为 float 类型,m 为 int 类型,则以下能实现将 n 中的数值保留小数点后两位,第三位进行四舍五入运算的表达式是_____。

    A) n=(n * 100+0.5)/100.0   B) m=n * 100+0.5,n=m/100.0

    C) n=n * 100+0.5/100.0   D) n=(n/100+0.5) * 100.0

【题 2.37】以下叙述中错误的是_____。

    A)％运算符要求参加运算的运算对象必须是整数

    B) C 语言中除％以外的运算符,其操作数可以是任何数据类型

    C) 强制类型转换运算符不能将一个常量转换成所需类型

    D) C 语言中对一个表达式求值时,不仅限定了运算符的运算优先级别,还限定了运算符的结合性

【题 2.38】若有定义语句:char c1,c2;,则执行以下语句后的输出结果是_____。

```
c1=97;  c2=98;
printf("c1=%c,c2=%c\n",c1,c2);
printf("c1=%d,c2=%d\n",c1,c2);
```

    A) c1=a,c2=b   B) c1=a,c2=b

       c1=a,c2=b   c1=97,c2=98

    C) c1=97,c2=98   D) c1=97,c2=98

       c1=97,c2=98   c1=a,c2=b

2.2　填　空　题

【题 2.39】表达式 18/4＋sqrt(4.0)/2 的值是【　】。

【题 2.40】C 语言中的标识符可分为关键字、【1】和【2】3 类。

【题 2.41】C 语言中的标识符只能由 3 种字符组成,它们是【1】、【2】和【3】。

【题 2.42】在 C 语言中,用"\"开头的字符序列称为转义字符。转义字符"\n"的功能是【1】;转义字符"\r"的功能是【2】。

【题 2.43】在 C 语言中,用关键字【1】定义单精度实型变量,用关键字【2】定义双精度实型变量,用关键字【3】定义字符型变量。

【题 2.44】设 a、b、c 均为 int 类型变量,请用 C 语言的表达式描述以下命题。

    (1) a 或 b 中有一个大于 c   【1】

    (2) a、b 和 c 中只有 2 个为正数   【2】

    (3) c 是偶数   【3】

【题 2.45】在 C 语言中,& 作为双目运算符时表示的是【1】,而作为单目运算符时表示的是【2】。

【题 2.46】运算符％两侧运算量的数据类型必须都是【1】;运算符＋＋和－－的运算量必须是【2】。

【题 2.47】在 C 语言的赋值表达式中,赋值号左边必须是【　】。

【题 2.48】若有定义语句:int i＝3;float a＝2.5;double b＝7.5;,则表达式 10+′a′+i * ab/3 的值是【 】。

【题 2.49】若有定义语句：int m＝5，y＝2;，则执行表达式 y+＝y-＝m＊＝y 后的 y 值是【 】。

【题 2.50】C 语言中的实型变量分为两种类型,它们是【1】和【2】。

【题 2.51】C 语言所提供的基本数据类型包括：单精度型、双精度型、【1】、【2】和【3】。

【题 2.52】已知字母 a 的 ASCII 码为十进制数 97,且设 ch 为字符型变量,则表达式 ch＝'a'＋'8'－'3'的值为【 】。

【题 2.53】若有定义语句：int s=6;,则表达式 s%2+(s+1)%2 的值为【 】。

【题 2.54】若 a 是 int 型变量,则表达式(a=4＊5, a＊2), a+6 的值为【 】。

【题 2.55】若 x 和 a 均是 int 型变量,则执行表达式(1)后的 x 值为【1】,执行表达式(2)后的 x 值为【2】。

(1) x=(a=4,6＊2)

(2) x=a=4,6＊2

【题 2.56】若 a 、b 和 c 均是 int 型变量,则执行表达式 a=(b=4)+(c=2)后 a 的值为【1】, b 的值为【2】,c 的值为【3】。

【题 2.57】若 a 是 int 型变量,且 a 的初值为 6,则执行表达式 a+＝a-＝a＊a 后 a 的值为【 】。

【题 2.58】若 a 是 int 型变量,则执行表达式 a＝25/3%3 后 a 的值为【 】。

【题 2.59】若 x 和 n 均是 int 型变量,且 x 和 n 的初值均为 5,则执行表达式 x+=n++后 x 的值为【1】, n 的值为【2】。

【题 2.60】若有定义语句：int b＝7;float a＝2.5,c＝4.7,;,则表达式 a+(int) (b/3＊(int) (a+c)/2)%4 的值为【 】。

【题 2.61】若有定义语句：int a＝2，b＝3;float x＝3.5，y＝2.5;,则表达式(float) (a+b)/2＋(int)x %(int)y 的值为【 】。

【题 2.62】若变量 a,b,c 均已定义为整型,则以下赋值表达式的值等于 5 的是【 】。

(1) a=5+(c=6)

(2) a=(b=4)+(c=6)

(3) a=(b=10)/(c=2)

【题 2.63】若有定义语句：int x＝3,y＝2;float a＝2.5,b＝3.5,;,则表达式(x+y)%2+(int) a/(int)b 的值为【 】。

【题 2.64】若 x 和 n 均是 int 型变量,且 x 的初值为 12, n 的初值为 5,则执行表达式 x%＝(n%=2)后 x 的值为【 】。

【题 2.65】假设变量 a、b 均为整型,则表达式 (a=2,b=5,a++,b++,a+b)的值为【 】。

【题 2.66】把以下多项式写成只含 7 次乘法运算,其余皆为加、减运算的 C 语言表达式为【 】。

$$5x^7＋3x^6－4x^5＋2x^4＋x^3－6x^2＋x＋10$$

【题 2.67】若 x 和 y 都是 double 型变量,且 x 的初值为 3.0, y 的初值为 2.0,则表达式 pow(y, fabs(x))的值为【 】。

【题 2.68】若有定义语句：int e=1，f=4，g=2；float m=10.5，n=4.0，k；，则执行表达式 k=(e+f)/g+sqrt((double)n)*1.2/g+m 后 k 的值是【 】。

【题 2.69】表达式 8/3*(int)7.5/(int)(1.25*(3.7+2.3))的值是【 】。

【题 2.70】表达式 pow (2.8，sqrt(double(x)))值的数据类型为【 】。

【题 2.71】假设 m 是一个三位数，从左到右依次用 a、b、c 表示各位的数字，则从左到右各位数字是 b、a、c 的三位数的表达式是【 】。

第3章 最简单的C程序

3.1 选 择 题

【题 3.1】 以下程序的运行结果是_____。

```
#include <stdio.h>
int main( )
{ int m=5,n=10;
  printf("% d,% d\n",m++,--n);
  return 0;
}
```

A) 5,9　　　　　　B) 6,9　　　　　　C) 5,10　　　　　　D) 6,10

【题 3.2】 设有以下程序:

```
#include <stdio.h>
int main( )
{ int a=201,b=012;
  printf("%2d,%2d\n",a,b);
  return 0;
}
```

程序执行后的输出结果是_____。

A) 01,12　　　　　　B) 201,10　　　　　　C) 01,10　　　　　　D) 20,01

【题 3.3】 有定义语句 int a,b;,若要通过语句 scanf("%d,%d",&a,&b);使变量 a 得到数值6,变量 b 得到数值5,下面输入形式中错误的是_____。(注:□代表空格)

A) 6,5<回车>　　　　　　　　　　　　B) 6,□□5<回车>

C) 6 5<回车>　　　　　　　　　　　　D) 6,<回车>

　　　　　　　　　　　　　　　　　　　　5<回车>

【题 3.4】 设有如下程序:

```
#include <stdio.h>
int main( )
{ char ch1='A',ch2='a';
  printf("%c\n",(ch1,ch2));
  return 0;
}
```

则以下叙述中正确的是_____。

A）程序的输出结果为大写字母 A

B）程序的输出结果为小写字母 a

C）运行时产生错误信息

D）格式说明符的个数少于输出项的个数,编译出错

【题 3.5】 以下程序的运行结果是_____。

```
#include <stdio.h>
int main()
{ int x1=0xabc,x2=0xdef;
  x2-=x1;
  printf("%X\n",x2);
  return 0;
}
```

A）ABC   B）0Xabc   C）0X333   D）333

【题 3.6】 以下程序的运行结果是_____。

```
#include <stdio.h>
int main()
{ int x=55, y=66;
  printf("%d\n", x,y);
  return 0;
}
```

A）5566   B）55   C）66   D）错误信息

【题 3.7】 以下程序的运行结果是_____。

```
#include <stdio.h>
int main()
{ char c1='x', c2;
  printf("%c,", ++c1);
  printf("%c\n", c2=c1++);
  return 0;
}
```

A）x,y   B）x,z   C）y,y   D）y,z

【题 3.8】 以下程序的运行结果是_____。

```
#include <stdio.h>
int main()
{ int a,b,c;
  a=b=2;
  c=a--,++b;
  printf("%d,%d,%d\n", a,b,c);
  return 0;
}
```

A) 1,3,2   B) 2,2,2   C) 1,3,3   D) 2,3,2

【题 3.9】以下程序的运行结果是 _____。

```
#include <stdio.h>
int main()
{ int a,b=14;
  a =b/10 % 2;
  b -=-1;
  printf("%d,%d\n", a,b);
  return 0;
}
```

A) 1,13   B) 0,13   C) 0,15   D) 1,15

【题 3.10】 以下程序的运行结果是_____。

```
#include <stdio.h>
int main()
{ int a=8,b=0;
  printf("%#3o,",b+=a);
  printf("%x\n",a=a+b);
  return 0;
}
```

A) 8,16   B) ##8,16   C) 010,10   D) 10,10

【题 3.11】若 x,y 均定义为 int 型,z 定义为 double 型,则以下不合法的 scanf 函数调用语句是_____。

A) scanf("%d%lx,%le", &x, &y, &z);

B) scanf("%2d * %d%lf", &x, &y, &z);

C) scanf("%x% * d%o", &x, &y);

D) scanf("%x%o%6.2f", &x, &y, &z);

【题 3.12】已有如下定义和输入语句,若要求 a1,a2,c1,c2 的值分别为 10、20、A 和 B,当从第一列开始输入数据时,正确的数据输入方式是_____。(注：□表示空格)

```
int a1,a2; char c1,c2;
scanf("%d%c%d%c", &a1, &c1, &a2, &c2);
```

A) 10A□20B<回车>   B) 10□A□20□B<回车>

C) 10□A20B□<回车>   D) 10A20□B<回车>

【题 3.13】已有定义 int x; float y;,且执行 scanf("%3d%f",&x,&y);语句,若从第一列开始输入数据 12345□678<回车>,则 x 的值为【1】,y 的值为【2】。(注：□表示空格)

【1】A) 12345   B) 123   C) 45   D) 345

【2】A) 无定值   B) 45.000000   C) 678.000000   D) 123.000000

【题 3.14】根据以下定义语句和数据的输入方式,scanf 语句的正确形式应为_____。

已有定义: float f1, f2;

数据的输入方式: 4.52<回车>
　　　　　　　　3.5<回车>

A) scanf("%f,%f", &f1, &f2);

B) scanf("%f%f", &f1, &f2);

C) scanf("%3.2f %2.1f", &f1, &f2);

D) scanf("%3.2f%2.1f", &f1, &f2);

【题 3.15】阅读以下程序, 当输入数据的形式为 25, 13, 10<回车>时, 程序的输出结果为_____。

```c
#include <stdio.h>
int main()
{ int x, y, z;
  scanf("%d%d%d", &x, &y, &z);
  printf("x+ y+ z=%d\n", x+y+z);
  return 0;
}
```

A) x+y+z=48

B) x+y+z=35

C) x+z=35

D) 不确定值

【题 3.16】设有以下程序:

```c
#include <stdio.h>
int main()
{ char c1, c2, c3, c4, c5, c6;
  scanf("%c%c%c%c", &c1, &c2, &c3, &c4);
  c5=getchar();
  c6=getchar();
  putchar(c1);
  putchar(c2);
  printf("%c%c\n", c5, c6);
  return 0;
}
```

若运行时从键盘输入数据:

abc<回车>

defg<回车>, 则输出结果是_____。

A) abcd   B) abde   C) abef   D) abfg

【题 3.17】设有以下程序:

```c
#include <stdio.h>
int main()
{ int a, b, c;
  scanf("a=%db=%dc=%d", &a, &b, &c);
  printf("%d,%d,%d\n", a, b, c);
```

```
        return 0;
    }
```

若要求程序的输出结果为:11,22,33,则以下正确的输入形式是_____。

A) 11　22　33　　　　　　　　　　B) a=11b=22c=33

C) a=11,b=22,c=33　　　　　　　　D) a=11　b=22　c=33

【题 3.18】设有以下程序:

```
#include <stdio.h>
int main()
{ char k1='a', k2='b';
  k1=getchar();
  k2=getchar();
  putchar(k1);
  putchar(k2);
  return 0;
}
```

若运行时输入:X<回车>,则以下叙述正确的是_____。

A) 程序等待第二个字符的输入

B) 变量 k1 被赋予字符 X,变量 k2 被赋予回车符

C) 变量 k1 被赋予字符 X,变量 k2 中内容不变

D) 变量 k1 被赋予字符 X,变量 k2 中是随机值

【题 3.19】有输入语句:scanf("a=%d,b=%d,c=%d",&a,&b,&c);,为使变量 a 的值为 1,b 的值为 3,c 的值为 2;从键盘输入数据的正确形式应当是_____。(注:□ 表示空格)

A) 132<回车>　　　　　　　　　　B) 1,3,2<回车>

C) a=1□b=3□c=2<回车>　　　　　D) a=1,b=3,c=2<回车>

【题 3.20】以下不符合 C 语法的赋值语句是_____。

A) m=(2+1,m=1);　　　　　　　　B) m=n=0;

C) m=1,n=2　　　　　　　　　　　D) n++;

【题 3.21】以下能正确定义整型变量 a、b、c,并为它们赋初值 5 的语句是_____。

A) int a=5,b=5,c=5;　　　　　　　B) int a,b,c=5;

C) int a=b=c=5;　　　　　　　　　D) int a=5;b=5;c=5;

【题 3.22】已知 ch 是字符型变量,下面不正确的赋值语句是_____。

A) ch='a+b';　　　B) ch='\0';　　　C) ch='7'+'9';　　　D) ch=5+9;

【题 3.23】已知 ch 是字符型变量,下面正确的赋值语句是_____。

A) ch='123';　　　B) ch='\xff';　　　C) ch='\08';　　　D) ch="\";

【题 3.24】若有以下定义,则正确的赋值语句是_____。

```
int  a,b;    float  x;
```

A) a=1,b=2,　　　B) b++;　　　C) a=b=5　　　D) b=int(x);

【题 3.25】设 x 、y 均为 float 型变量,则以下不合法的赋值语句是_____。

A）++x;   B）y=(x%2)/10;

C）x * =y+8;   D）x=y=0;

【题3.26】设 x、y 和 z 均为 int 型变量，则执行语句 x＝(y＝(z＝10)＋5) －5；后，x、y 和 z 的值是_____。

A）x＝10   B）x＝10   C）x＝10   D）x＝10

　　y＝15   　　y＝10   　　y＝10   　　y＝5

　　z＝10   　　z＝10   　　z＝15   　　z＝10

【题3.27】设有说明：double y＝0.5，z＝1.5；int x＝10；，则能够正确使用 C 语言库函数的赋值语句是_____。

A）z=exp(y)+fabs(x);

B）y=log10(y)+pow(y);

C）z=sqrt(y-z);

D）x=(int) (atan2 ((double)x,y)+exp(y-0.2));

3.2　填　空　题

【题3.28】以下程序的输出结果为【　】。

```
#include <stdio.h>
int main( )
{ short i;
  i=-4;
  printf("\ni: dec=%d, oct=%o, hex=%x, unsigned=%u\n",i,i,i,i);
  return 0;
}
```

【题3.29】以下程序的输出结果为【　】。

```
#include <stdio.h>
int main( )
{ printf(" * %f,%4.3f * \n",3.14,3.1415);
  return 0;   }
```

【题3.30】以下程序的输出结果为【　】。

```
#include <stdio.h>
int main( )
{ char c='x';
  printf("c: dec=%d, oct=%o, hex=%x, char=%c\n",c,c,c,c);
  return 0;
}
```

【题3.31】以下程序的输出结果是【　】。

```
#include <stdio.h>
```

```
int main()
{ char x='6',y='8';
  printf("%c,", x+1);
  printf("%d\n", y-x);
  return 0;
}
```

【题 3.32】 以下程序的输出结果是【 】。

```
#include <stdio.h>
int main()
{ char ch='6';
  printf("%d,",ch-'3');
  printf("%c\n",ch+3);
  return 0;
}
```

【题 3.33】 以下程序的输出结果是【 】。

```
#include <stdio.h>
int main()
{ char x='A',y='Z';
  x=x+y;
  y=x-y;
  x=x-y;
  printf("%c,%c\n",x,y);
  return  0;
}
```

【题 3.34】 以下程序的输出结果是【 】。

```
#include <stdio.h>
int main()
{ int x=1,y=2;
  printf("x=%d y=%d * sum * =%d\n",x,y,x+y);
  printf("10 Squared is : %d\n",10*10);
  return 0;
}
```

【题 3.35】 以下程序的输出结果是【 】。

```
#include <stdio.h>
int main()
{ int a=12,b=34,c,d;
  c=a%10*10+b%10;
  d=a/10*10+b/10;
  printf("%d,%d\n",c,d);
  return 0;
```

```
}
```

【题 3.36】 设有以下程序：

```
#include <stdio.h>
int main()
{ int x=0,y=0,z=0;
  scanf("%d%*d%d",&x,&y,&z);
  printf("%d,%d,%d\n", x,y,z);
  return  0;
}
```

若程序运行时从键盘输入：1 2 3<回车>，则输出结果是【 】。

【题 3.37】 以下 printf 语句中，* 号的作用是【1】，输出结果是【2】。

```
#include <stdio.h>
int main()
{ int i=1;
  printf("##%*d\n",i,i);
  i++;
  printf("##%*d\n",i,i);
  i++;
  printf("##%*d\n",i,i);
  return 0;
}
```

【题 3.38】 有以下程序

```
#include <stdio.h>
int main()
{ char c1,c2,c3,c4;
  getchar();
  scanf("%c%c",&c1,&c2);
  c3=getchar();
  scanf("%c",&c4);
  printf("%c%c\n",c1,c4);
  return  0;
}
```

若程序运行时从键盘输入：1a <回车>
　　　　　　　　　　　　2b <回车>

则输出结果是【 】。

【题 3.39】 以下程序的输出结果是【 】。

```
#include <stdio.h>
int main()
{ int a=325; double x=3.1415926;
```

```
        printf("a=%+06d x=%+e\n",a,x);
        return 0;
    }
```

【题 3.40】以下程序的输出结果是【 】。

```
# include <stdio.h>
int main( )
{ int a=252;
  printf("a=%o a=%#o\n",a,a);
  printf("a=%x a=%#x\n",a,a);
  return 0;
}
```

【题 3.41】以下程序的运行结果是【 】。

```
# include <stdio.h>
int main( )
{ int n=100; char c;
  float f=10.0; double x;
  x=f* =n/=(c=48);
  printf("%d %d %3.1f %3.1f\n",n,c,f,x);
  return 0;
}
```

【题 3.42】有以下程序:

```
# include <stdio.h>
int main( )
{ int k=0; char c1='a',c2='b';
  scanf("%d%c%c",&k,&c1,&c2);
  printf("%d,%c,%c\n",k,c1,c2);
  return 0;
}
```

若运行时从键盘输入:55 A B<回车>,则输出结果是【 】。

【题 3.43】以下程序的运行结果是【 】。

```
# include <stdio.h>
int main( )
{ int m=177;
  printf("%o\n",m);
  return 0;
}
```

【题 3.44】以下程序的运行结果是【 】。

```
# include <stdio.h>
int main( )
```

```
{ int n=0;
  n+=(n=10);
  printf("%d\n",n);
  return 0;
}
```

【题3.45】若要求下列程序的输出结果为8.00,则[ ]中应填入的是【 】。

```
#include <stdio.h>
int main( )
{ int k=2,m=5;
  float s,x=1.2, y=[ ];
  s=2/3+k*y/x+m/2;
  printf("%4.2f\n",s);
  return 0;
}
```

【题3.46】已知字母A的ASCII码值为65。以下程序的输出结果是【 】。

```
#include <stdio.h>
int main( )
{ char a,b;
  a='A'+'4'-'3';
  b='A'+'6'-'2';
  printf("a=%d,b=%c\n",a,b);
  return 0;
}
```

【题3.47】假设变量a和b均为整型,以下语句可以不借助任何变量把a、b中的值进行交换。请填空。

a +=【1】; b=a -【2】; a -=【3】;

【题3.48】假设变量a、b和c均为整型,以下语句借助中间变量t把a、b和c中的值进行交换,即把b中的值给a,把c中的值给b,把a中的值给c。例如:交换前,a=10、b=20、c=30;交换后,a=20、b=30、c=10。请填空。

【1】; a=b; b=c; 【2】;

【题3.49】设有一输入函数scanf("%d",k);,它不能使float类型变量k得到正确数值的原因是【1】和【2】。

【题3.50】已有定义int a; float b,x; char c1,c2;,为使a=3、b=6.5、x=12.6、c1='a'、c2='A',正确的scanf函数调用语句是【1】,数据输入的形式应为【2】。

【题3.51】若有以下定义和语句,为使变量c1得到字符'A',变量c2得到字符'B',正确的输入形式是【 】。

```
char c1,c2;
scanf("%4c%4c",&c1,&c2);
```

【题3.52】执行以下程序时,若从第一列开始输入数据,为使变量 a=3、b=7、x=8.5、y=

71.82、c1＝'A'、c2＝'a'，正确的数据输入形式是【 】。

```
#include <stdio.h>
int main( )
{ int a,b; float x,y; char c1,c2;
  scanf("a=%d b=%d", &a, &b);
  scanf("x=%f y=%f", &x, &y);
  scanf("c1=%c c2=%c", &c1, &c2);
  printf("a=%d,b=%d,x=%f,y=%f,c1=%c,c2=%c",a,b,x,y,c1,c2);
  return 0;
}
```

3.3 编 程 题

【题 3.53】编写程序，从终端键盘输入圆的半径 r，圆柱的高 h，分别计算出圆周长 cl、圆面积 cs 和圆柱的体积 cvz。输出计算结果时要求有文字说明，并取小数点后两位数字。

【题 3.54】编写程序，读入一个字母，输出与之对应的 ASCII 码，输入输出都要有相应的文字提示。

【题 3.55】编写程序，从键盘输入两个整数，分别计算出它们的商和余数。输出时，商要求保留两位小数，并对第三位进行四舍五入。

第4章 逻辑运算和选择结构

4.1 选 择 题

【题 4.1】逻辑运算符两侧运算对象的数据类型 _____。

  A) 只能是 0 或 1

  B) 只能是 0 或非 0 正数

  C) 只能是整型或字符型数据

  D) 可以是任何类型的数据

【题 4.2】下列关系表达式中结果为假的是 _____。

  A) 0!=1   B) 2<=8

  C) (a=2 * 2)==2   D) y=(2+2)==4

【题 4.3】下列关系表达式中,结果为"假"的是_____。

  A) (1<4)==1   B) 3<=4||3

  C) (2!=4)>2   D) (4+4)>6

【题 4.4】能正确表示"当 x 的取值在[1,10]和[200,210]范围内为真,否则为假"的表达式是 _____。

  A) (x>=1) && (x<=10) && (x>=200) && (x<=210)

  B) (x>=1) || (x<=10) || (x>=200) || (x<=210)

  C) (x>=1) && (x<=10) || (x>=200) && (x<=210)

  D) (x>=1) || (x<=10) && (x>=200) || (x<=210)

【题 4.5】表示图 4-1 中坐标轴上阴影部分的正确表达式是 _____。

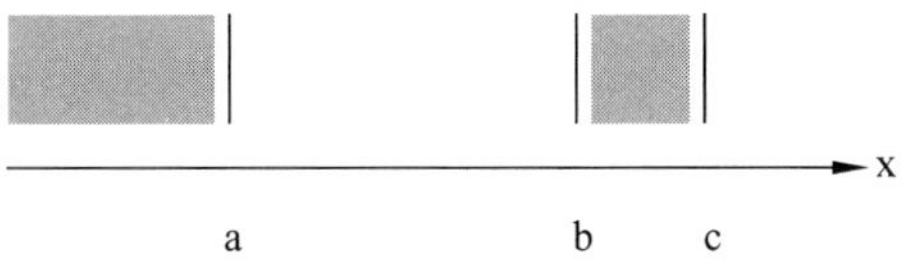

图 4-1

  A) (x<=a) &&(x>=b) &&(x<=c)

  B) (x<=a) ||(b<=x<=c)

  C) (x<=a) ||(x>=b) && (x<=c)

  D) (x<=a) && (b<=x<=c)

【题 4.6】判断 char 型变量 ch 是否为大写字母的正确表达式是 _____。

  A) 'A'<=ch<='Z'   B) (ch>='A') & (ch<='Z')

  C) (ch>='A') && (ch<='Z')   D) ('A'<=ch) AND ('Z'>=ch)

【题 4.7】设 x、y 和 z 是 int 型变量，且 x＝3，y＝4，z＝5，则下面表达式中值为 0 的是 ＿＿＿＿＿。

A）'x' && 'y'

B）x <=y

C）x || y+z && y－z

D）!（（x<y）&& ! z || 1）

【题 4.8】设有说明语句：int x＝43，y＝0；char ch＝'A'；，则表达式(x>=y && ch<'B' && !y)的值是 ＿＿＿＿＿。

A）0   B）语法错   C）1   D）假

【题 4.9】若希望当 A 的值为奇数时，表达式的值为"真"；当 A 的值为偶数时，表达式的值为"假"。则以下不能满足要求的表达式是 ＿＿＿＿＿。

A）A%2==1   B）!(A%2==0)

C）!(A%2)   D）A%2

【题 4.10】设有说明语句：int a＝1，b＝2，c＝3，d＝4，m＝2，n＝2；，则执行（m＝a>b）&&（n＝c>d）后 n 的值为 ＿＿＿＿＿。

A）1   B）2   C）3   D）4

【题 4.11】执行以下程序段后的输出是＿＿＿＿＿。

```
int i=-1;
if(i<=0) printf(" * * * * \n")
else printf("%%%%\n");
```

A）****   B）有语法错，不能正确执行

C）%%%%c   D）%%%%

【题 4.12】以下程序的运行结果是 ＿＿＿＿＿。

```
#include <stdio.h>
int main()
{   int a,b,d=241;
    a=d/100%9;
    b=(-1)&&(-1);
    printf("%d,%d",a,b);
    return 0;
}
```

A）6,1   B）2,1   C）6,0   D）2,0

【题 4.13】以下不能满足当 c 的值分别为 1、3、5 时值是"真"，否则值是"假"的表达式是＿＿＿＿＿。

A）!（（c<3）&&（c>1））&&!（（c<5）&&（c>3））&&（c<=5）&&（c>=1）

B）(c==1) || (c==3) || (c==5)

C）(c!=2) && (c!=4) && (c>=1) && (c<=5)

D）(c=1) || (c=3) || (c=5)

【题 4.14】执行以下语句后，a 的值为【1】，b 的值为【2】。

```
int a=5,b=6,w=1,x=2,y=3,z=4;
(a=w>x)&&(b=y>z);
```

【1】A）5   B）0   C）2   D）1

【2】A）6   B）0   C）1   D）4

【题 4.15】以下不正确的 if 语句形式是 _____。

A）if (x>y && x!=y);

B）if (x==y) x+=y;

C）if (x!=y) scanf("%d", &x) else scanf("%d", &y);

D）if (x<y) {x++;y++;}

【题 4.16】在 C 语言中，紧跟在关键字 if 后一对圆括号里的表达式 _____。

A）只能用逻辑表达式

B）只能用关系表达式

C）只能用逻辑表达式或关系表达式

D）可以是任意表达式

【题 4.17】已知 int x＝10，y＝20，z＝30;，执行以下语句后 x、y、z 的值是 _____。

```
if(x>y)
z=x;x=y;y=z;
```

A）x＝10，y＝20，z＝30   B）x＝20，y＝30，z＝30

C）x＝20，y＝30，z＝10   D）x＝20，y＝30，z＝20

【题 4.18】以下语法正确的 if 语句是 _____。

A）if(x>0)
    printf("%f",x)
  else printf("%f",-x);

B）if(x>0)
    { x=x+y;printf("%f",x);}
  else printf("%f",-x);

C）if(x>0)
    { x=x+y; printf("%f",x);};
  else printf("%f",-x);

D）if(x>0)
    { x=x+y;printf("%f",x) }
  else printf("%f",-x);

【题 4.19】以下程序 _____。

```
#include <stdio.h>
int main()
{  int a=5,b=0,c=0;
   if( a=b+c) printf("***\n");
   else      printf("$$$\n");
   return 0;
}
```

A）有语法错，不能通过编译   B）可以通过编译，但不能通过连接

C）输出 ***   D）输出 $$$

【题 4.20】 若变量都已正确定义,则以下程序段的输出是_____。

```
a=10;b=50;c=30;
if(a>b) a=b,
b=c; c=a;
printf("a=%d b=%d c=%d\n",a,b,c);
```

A) a＝10 b＝30 c＝10   B) a＝10 b＝50 c＝10

C) a＝50 b＝30 c＝10   D) a＝50 b＝30 c＝50

【题 4.21】 当 a＝1、b＝3、c＝5、d＝4 时,执行以下程序段后 x 的值是_____。

```
if(a<b)
  if(c<d) x=1;
  else
    if(a<c)
      if(b<d) x=2;
      else x=3;
    else x=6;
  else x=7;
```

A) 1   B) 2   C) 3   D) 6

【题 4.22】 函数关系见表 4-1。

表 4-1　题 4.22 的函数关系

x	y
x＜0	x－1
x＝0	x
x＞0	x＋1

以下能正确表示上面关系的程序段是_____。

A) y=x+1;
    if(x>=0)
      if(x==0) y=x;
    else y=x-1;

B) y=x-1;
    if(x!=0)
      if(x>0) y=x+1;
    else y=x;

C) if(x<=0)
      if(x<0) y=x-1;
      else y=x;
    else y=x+1;

D) y=x;
    if(x<=0)
      if(x<0) y=x-1;
      else y=x+1;

【题 4.23】 以下程序的输出是_____。

```
#include <stdio.h>
int main()
{ int a=100,x=10,y=20 ,ok1=5,ok2=0;
  if (x<y)
```

```
     if(y !=10)
       if(! ok1)
         a=1;
       else
         if (ok2) a=10;
    a=-1;
    printf("%d\n",a);
    return 0;
}
```

A）1   B）0   C）-1   D）值不确定

【题 4.24】以下程序的输出是 _____ 。

```
#include <stdio.h>
int main( )
{ int x=2,y=-1,z=2;
  if (x<y)
    if (y<0) z=0;
    else        z+=1;
  printf("%d\n",z);
  return 0;
}
```

A）3   B）2   C）1   D）0

【题 4.25】为了避免在嵌套的条件语句 if-else 中产生二义性,C 语言规定 else 子句总是与
_____ 配对。

A）缩排位置相同的 if   B）其之前最近的 if
C）其之后最近的 if   D）同一行上的 if

【题 4.26】以下程序的输出是 _____ 。

```
#include <stdio.h>
int main( )
{ int x=1;
  if(x=2)
    printf("OK");
  else if(x<2)printf("%d\n",x);
      else printf("Quit");
  return 0;
}
```

A）OK   B）Quit   C）1   D）无输出结果

【题 4.27】以下程序的输出是 _____ 。

```
#include <stdio.h>
int main( )
```

```
{ int a=5,b=8,c=3,max;
  max=a;
  if(c>b)
    if(c>a)
      max=c;
  else
    if(b>a)
      max=b;
  printf("max=%d\n",max);
  return 0;
}
```

A) max＝8　　　　B) max＝5　　　　C) max＝3　　　　D) 无输出结果

【题 4.28】若有条件表达式(exp)？a++：b--，则以下表达式中能完全等价于表达式(exp)的是 _____。

A) (exp==0)　　　B) (exp!=0)　　　C) (exp==1)　　　D) (exp!=1)

【题 4.29】若运行时为变量 x 输入 12，则以下程序的运行结果是 _____。

```
#include <stdio.h>
int main( )
{ int x,y;
  scanf("%d",&x);
  y=x>12 ? x+10: x-12;
  printf("%d\n",y);
  return 0;
}
```

A) 0　　　　　　B) 22　　　　　　C) 12　　　　　　D) 10

【题 4.30】以下程序所表示的分段函数是 _____。

```
#include <stdio.h>
int main( )
{ int x,y;
  printf("Enter x:");
  scanf("%d",&x);
  y=x>=0?2*x+1:0;
  printf("x=%d:f(x)=%d",x,y);
  return 0;
}
```

A) $f(x)=\begin{cases}0 & (x\leqslant 0)\\ 2x+1 & (x>0)\end{cases}$　　　　B) $f(x)=\begin{cases}0 & (x\geqslant 0)\\ 2x+1 & (x<0)\end{cases}$

C) $f(x)=\begin{cases}2x+1 & (x<0)\\ 0 & (x\geqslant 0)\end{cases}$　　　　D) $f(x)=\begin{cases}0 & (x<0)\\ 2x+1 & (x\geqslant 0)\end{cases}$

【题 4.31】若 w、x、y、z、m 均为 int 型变量,则执行下面语句后的 m 值是 _____。

```
w=1; x=2; y=3; z=4;
m=(w<x)?w:x;
m=(m<y)?m:y;
m=(m<z)?m:z;
```

A) 1   B) 2   C) 3   D) 4

【题 4.32】若以下选项中的变量均为整型且已正确赋值,则正确的 switch 语句是 _____。

A) switch(m+2)
   { case a1：w＝m－n；
      case a2：w＝m＋n；
   }

B) switch (m＋n)
   { case1：case3：w＝m＋n；break；
      case0：case4：w＝m－n；
   }

C) switch(m＊m＋n＊n)
   { default：break；
      case 3：w＝m＋n；break；
      case 2：w＝m－n；break；
   }

D) switch m＊n
   { case 10：w＝m＋n；
      default：w＝m－n；
   }

【题 4.33】C 语言中的 switch 语句形式如下所示,关键字 switch 后一对圆括号中表达式 exp 的类型 _____。

```
switch (exp)
{ case 常量表达式 1：语句 1；
   ...
  case 常量表达式 n：语句 n；
  default：语句 n+1；
}
```

A) 可以是整型或字符型   B) 只能是整型

C) 只能是字符型   D) 只能是整型或实型

【题 4.34】若 u、w、x、y 均是整型变量且已正确赋值,则以下正确的 switch 语句是 _____。

A) switch(x+y)
    { case 10 : u=x+y; break;
       case 11 : w=x-y; break;
    }

B) switch x
    { default: u=x+y;
       case 10 : w=x-y; break;
       case 11 : u=x＊y; break;
    }

```
C) switch (x * x+y * y)
    { case 3:
      case 3 : w=x+y; break;
      case 0: w=y-x; break;
    }
D) switch (pow(x,2)+pow(y,2))   //(注:pow 是调用求幂的数学函数)
    { case 1: case 3: w=x+y; break;
      case 0 :case 5: w=x-y;
    }
```

4.2 填 空 题

【题 4.35】当 a＝3,b＝2,c＝1 时,表达式 f＝a>b>c 的值是【 】。

【题 4.36】以下程序的运行结果是【 】。

```
#include <stdio.h>
int main ( )
{ int x=1 , y , z ;
  x * =3+2 ;
  printf ( "%d\t" , x ) ;
  x * =y=z=5 ;
  printf ( "%d\t" , x ) ;
  x=y==z ;
  printf ( "%d\n" , x ) ;
  return 0;
}
```

【题 4.37】在 C 语言中,表示逻辑"真"值用【 】。

【题 4.38】设 y 为 int 型变量,请写出描述"y 是奇数"的表达式【 】。

【题 4.39】C 语言提供的 3 种逻辑运算符是【1】、【2】、【3】。

【题 4.40】若 x、y、z 均为 int 型变量,则描述"x 或 y 中有一个小于 z"的表达式是【 】。

【题 4.41】若 x、y 均为 int 型变量,则描述"x、y 和 z 中有两个为负数"的表达式是【 】。

【题 4.42】设 a、b、c 均已定义,且 a＝7.5,b＝2,c＝3.6,则表达式 a>b && c>a ||a<b && !c>b 的值是【 】。

【题 4.43】设 a、b、c 为 int 型变量且 a＝6,b＝4,c＝2,则表达式 !(a-b)+c-1 && b+c/2 的值是【 】。

【题 4.44】设 a、b 均为 int 型变量且 a＝2,b＝4,则表达式!(x=a)||(y=b)&&0 的值是【 】。

【题 4.45】设 a、b、c 均为 int 型变量且 a＝1,b＝4,c＝3,则表达式!(a<b)||!c&&1 的值是【 】。

【题 4.46】设 a、b、c 均为 int 型变量且 a＝6,b＝4,c＝3,则表达式 a&&b+c||b-c 的值是【 】。

【题 4.47】设 a、b、c 均为 int 型变量且 a＝5,b＝2,c＝1,则表达式 a－b＜c‖b＝＝c 的值是【　】。

【题 4.48】设 a、b、c 均为 int 型变量且 a＝3,b＝4,c＝5,则表达式 a‖b＋c&&b＝＝c 的值是【　】。

【题 4.49】若有条件"2＜x＜3 或 x＜－10",其对应的 C 语言表达式是【　】。

【题 4.50】设 m、n、a、b、c 均为 int 型变量且 m＝2,n＝1,a＝1,b＝2,c＝3,则执行表达式 d＝(m＝a!＝b) && (n＝b＞c)后,n 的值为【1】;m 的值为【2】。

【题 4.51】以下程序的运行结果是【　】。

```
#include <stdio.h>
int main( )
{ int x,y,z;
  x=3;y=3;
  z=x==y;
  printf("z=%d\n",z);
  return 0;
}
```

【题 4.52】以下程序的运行结果是【　】。

```
#include <stdio.h>
int main( )
{ int a1,a2,b1,b2;
  int i=5,j=7,k=0;
  a1=!k;
  a2=i!=j;
  printf("a1=%d\ta2=%d\n",a1,a2);
  b1=k&&j;
  b2=k||j;
  printf("b1=%d\tb2=%d\n",b1,b2);
  return 0;
}
```

【题 4.53】若有语句 int x,y,z;且 x＝3、y＝－4、z＝5,则表达式(x&&y)＝＝(x‖z)的值为【　】。

【题 4.54】将以下两条 if 语句合并成一条 if 语句为【　】。

语句 1：if (a>b) scanf("%d",&a);
　　　　else scanf("%d",&b);
语句 2：if (a<=b) m++;
　　　　else n++;

【题 4.55】以下程序 a 对应的数学表达式是【1】;程序 b 对应的数学表达式是【2】。

程序 a：

```
#include <stdio.h>
int main()
{ int a,b;
  scanf("%d",&a);
  if(a<0) b=-1;
  else if(a==0)
          b=0;
      else b=1;
  printf("a=%d,b=%d\n",a,b);
  return 0;
}
```

程序 b：

```
#include <stdio.h>
int main()
{ int a,b;
  scanf("%d",&a);
  b=0;
  if(a!=0)
  if(a>0) b=1;
  else b=-1;
  printf("a=%d,b=%d\n",a,b);
  return 0;
}
```

【题 4.56】满足以下要求 1 的逻辑表达式是【1】，满足以下要求 2 的逻辑表达式是【2】。

要求 1：判断坐标为 (x,y) 的点，在内径为 a、外径为 b、中心在 0 点上的圆环内的表达式。

要求 2：写出 x 的值必须是 2、4、6、7、8 中任意一个值的判断表达式。

【题 4.57】以下程序的功能是【　】。

```
#include <stdio.h>
int main()
{ int x,y,sum,product;
  printf("Enter x and y:");
  scanf("%d,%d",&x,&y);
  sum=x+y;
  product=x*y;
  if(sum>product)
     printf("(x+y)>(x*y)");
  else
     printf("(x*y)>=(x+y)");
  return 0;
}
```

【题 4.58】若有定义：int a＝3,b＝4,c＝5，则表达式 !(a＋b)＋c-1&&b＋c/2 的值为【　】。

【题 4.59】若运行时输入：2＜回车＞，则以下程序的运行结果是【　】。

```
#include <stdio.h>
int main()
{ char class;
  printf("Enter 1 for 1st class post or 2 for 2nd post");
  scanf("%c",&class);
  if(class=='1')
```

```
            printf ( "1st class postage is 19p" ) ;
        else
            printf ( "2nd class postage is 14p" ) ;
        return 0;
    }
```

【题 4.60】 若运行时输入：4.4＜回车＞,则以下程序的运行结果是【 】。

```
#include <stdio.h>
int main( )
{   float costPrice, sellingPrice;
    printf( "Enter costPrice $: " );
    scanf( "%f", &costPrice);
    if(costPrice>=5 )
        {   sellingPrice=costPrice+costPrice * 0.25;
            printf( "Selling Price (0.25) $%6.2f" , sellingPrice);
        }
    else
        {   sellingPrice=costPrice+costPrice * 0.30;
            printf( "Selling Price (0.30) $%6.2f" , sellingPrice);
        }
    return 0;
}
```

【题 4.61】 若运行以下程序时输入：1605＜回车＞,则程序的运行结果是【 】。

```
#include <stdio.h>
int main( )
{ int t,h,m;
  scanf("%d",&t);
  h=(t/100)%12;
  if(h==0) h=12;
  printf("%d:",h);
  m=t%100;
  if(m<10) printf("0");
  printf("%d",m);
  if(t<1200||t==2400)
      printf(" AM");
  else printf(" PM");
  return 0;
}
```

【题 4.62】 以下程序的功能是：输入圆的半径 r 和运算标志 m 后,按照运算标志进行表 4-2 中指定的计算。请填空。

表 4-2 运算标志与计算

运算标志 m	计　算
a	面积
c	周长
b	二者均计算

```
#include <stdio.h>
#define pi 3.14159
int main()
{ char m;
  float r,c,a;
  printf("input mark a c or b && r\n");
  scanf("%c %f",&m,&r);
  if(【1】)
    { a=pi*r*r;printf("area is %f",a);}
  if(【2】)
    { c=2*pi*r; printf("circle is %f",c);}
  if(【3】)
    { a=pi*r*r;c=2*pi*r;printf("area && circle are%f %f",a,c);}
  return 0;
}
```

【题 4.63】若运行时输入"5999＜回车＞",则以下程序的运行结果是【　】。

```
#include <stdio.h>
int main()
{ int x;
  float y;
  scanf("%d",&x);
  if(x>=0 && x<=2999) y=18+0.12*x;
  if(x>=3000 && x<=5999) y=36+0.6*x;
  if(x>=6000 && x<=10000) y=54+0.3*x;
  printf("%6.1f ",y);
  return 0;
}
```

【题 4.64】以下程序的功能是:输出 x、y、z 三个数中的最大者。请填空。

```
#include <stdio.h>
int main()
{   int x=4,y=6,z=7;
    int 【1】;
    if(【2】) u=x;
    else u=y;
    if(【3】) v=u;
    else v=z;
```

```
    printf("v=%d",v);
    return 0;
}
```

【题 4.65】 以下程序的功能是：输入 3 个整数，按从大到小的顺序进行输出。请填空。

```
#include <stdio.h>
int main()
{ int x,y,z,c;
  scanf("%d %d %d",&x,&y,&z);
  if(【1】)
    { c=y;y=z;z=c; }
  if(【2】)
    { c=x;x=z;z=c; }
  if(【3】)
    { c=x;x=y;y=c; }
  printf("%d,%d,%d",x,y,z);
  return 0;
}
```

【题 4.66】 以下程序的功能是：输入一个小写字母，将字母循环后移 5 个位置后输出。例如，输入字母 a，则输出字母 f。请填空。

```
#include <stdio.h>
int main()
{ char c;
  print("Enter a character:\n");
  c=getchar();
  if(c>='a' && c<='u')【1】;
  else if(c>='v' && c<='z')【2】;
  putchar(c);
  return 0;
}
```

【题 4.67】 以下程序的功能是：输入一个字符，如果它是一个大写字母，则把它变成小写字母；如果它是一个小写字母，则把它变成大写字母；其他字符不变。请填空。

```
#include <stdio.h>
int main()
{ char ch;
  scanf("%c",&ch);
  if(【1】) ch=ch+32;
  else if(ch>='a'&& ch<='z')【2】;
  printf("%c",ch);
  return 0;
}
```

【题 4.68】 以下程序的运行结果是【 】。

```c
#include <stdio.h>
int main( )
{ int a,b,c,d,x;
  a=c=0;
  b=1;
  d=20;
  if(a) d=d-10;
  else if(!b)
      if(!c) x=15;
      else x=25;
  printf("%d\n",d);
  return 0;
}
```

【题 4.69】 以下程序的运行结果是【 】。

```c
#include <stdio.h>
int main( )
{ int x , y=-2, z=0;
  if((z=y)<0 ) x=4;
  else if(y==0 ) x=5;
  else x=6;
  printf( "\t%d\t%d\n", x, z);
  if(z=(y==0))    x=5;
  x=4;
  printf( "\t%d\t%d\n", x, z);
  if(x=z=y) x=4;
  printf( "\t%d\t%d\n", x, z);
  return 0;
}
```

【题 4.70】 从键盘输入一个小于 2000 的正数,要求输出它的平方根(若平方根不是整数,则输出其整数部分)。要求:在输入数据后先检查该数据是否为大于零且小于 2000 的正数,若不是,则要求重新输入。请填空。

```c
#include <stdio.h>
#include <math.h>
#define M 2000
int main()
{
    int i,n;
    printf("Enter an integer 0<i<%d\n",M);
    scanf("%d",&i);
    if (【1】)
    { printf("Enter again! Enter an integer 0<i <%d\n",M);
```

```
        scanf ("%d",&i);
    }
    n=(int)(sqrt((double)i));
    printf ("Integer part of sqrt(%d) is %d\n",【2】);
    return 0;
}
```

【题 4.71】为了使以下程序的输出结果是 s＝1,t＝5,输入值 a 和 b 应满足的条件是【 】。

```
#include <stdio.h>
int main()
{ int s,t,a,b;
  scanf("%d,%d",&a,&b);
  s=1;
  t=1;
  if (a>0) s=s+1;
  if (a>b) t=s+t;
  else if (a==b) t=5;
  else t=2 * s;
  printf("s=%d,t=%d",s,t);
  return 0;
}
```

【题 4.72】下面程序的功能是：根据表 4-3 中给定的函数关系,对输入的每个 x 值计算出
相应的 y 值。请填空。

表 4-3　题 4.72 的函数关系

x	y
$2 < x \leqslant 10$	$x(x+2)$
$-1 < x \leqslant 2$	$2x$
$x \leqslant -1$	$x-1$

```
#include <stdio.h>
int main()
{ int x,y;
  scanf("%d",&x);
  if(【1】) y=x * (x+2);
  else if(【2】) y=2 * x;
      else if(x<=-1) y=x-1;
  else【3】;
  if(y!=-1) printf("%d",y);
  else printf("error");
  return 0;
}
```

【题 4.73】下面程序的功能是：根据表 4-4 中给定的函数关系，对输入的每个 x 值计算出相应的 y 值。请填空。

表 4-4　题 4.73 的函数关系

x	y
x＝a 或 x＝−a	0
−a＜x＜a	sqrt(a＊a−x＊x)
x＜−a 或 x＞a	x

```c
#include <stdio.h>
#include <math.h>
int main()
{ int x,a;
  float y;
  scanf("%d %d",&x,&a);
  if(【1】) y=0;
  else if(【2】) y=sqrt((double)(a*a-x*x));
  else y=x;
  printf("%f",y);
  return 0;
}
```

【题 4.74】以下程序的功能是：根据输入的三角形的 3 条边，判断是否能组成三角形。若可以，则输出它的面积和三角形的类型。请填空。

```c
#include <stdio.h>
#include <math.h>
main()
{ float a,b,c;
  float s,area;
  scanf("%f %f %f",&a,&b,&c);
  if(【1】)
    { s=(a+b+c)/2;
      area=sqrt(s*(s-a)*(s-b)*(s-c));
      printf("%f",area);
      if(【2】)
          printf("等边三角形");
      else if(【3】)
          printf("等腰三角形");
      else if((a*a+b*b==c*c)||(a*a+c*c==b*b)||(b*b+c*c==a*a))
          printf("直角三角形");
      else printf("一般三角形");
    }
  else printf("不能组成三角形");
```

```
    return 0;
    }
```

【题 4.75】 以下程序的功能是：某邮局对邮寄包裹有如下规定，若包裹的长、宽、高任一尺寸超过 1m 或重量超过 30kg，不予邮寄；对可以邮寄的包裹每件收手续费 0.2 元，再加上根据表 4-5 按不同重量 weigh 计算的邮资。请填空。

表 4-5　重量与邮资

重量/kg	邮资/元
weigh≤10	0.80
10＜weigh≤20	0.75
20＜weigh≤30	0.70

```
#include <stdio.h>
int main()
{ float len,weigh,hei,wid,mon,r;
  scanf("%f %f %f %f",&len,&wid,&hei,&weigh);
  if(len>1||wid>1||hei>1||weigh>30)【1】;
  else if(weigh<=10) r=0.8;
  else if(weigh<=20) r=0.75;
  else if(weigh<=30)【2】;
  if(r==-1) printf("error\n");
  else
    {【3】; printf("%f",mon);}
  return 0;
  }
```

【题 4.76】 某服装店经营套服且单件出售。若一次购买不少于 50 套，则每套 80 元；若不足 50 套，则每套 90 元；只买上衣每件 60 元；只买裤子每条 45 元。以下程序的功能是读入所买上衣 c 和裤子 t 的件数，计算应付款数 m。请填空。

```
#include <stdio.h>
int main()
{ int c,t,m;
  printf("input the number of coat and trousers you want to buy:\n");
  scanf("%d %d",&c,&t);
  if(【1】)
      if(c>=50) m=c*80;
      else m=c*90;
  else
      if(【2】)
        if(t>=50) m=t*80+(c-t)*60;
        else m=t*90+(c-t)*60;
      else
```

```
        if(【3】) m=c * 80+(t-c) * 45;
        else m=c * 90+(t-c) * 45;
    printf("%d",m);
    return 0;
}
```

【题 4.77】以下程序的功能是判断输入的某个年份是否是闰年。请填空。

```
#include <stdio.h>
int main( )
{ int y,f;
  scanf("%d",&y);
  if(y%400==0) f=1;
  else if(【1】) f=1;
  else【2】;
  if(f) printf("%d is",y);
  else printf("%d is not",y);
  printf(" a leap year\n");
  return 0;
}
```

【题 4.78】以下程序段的功能是：针对输入的截止日期(年—yend;月—mend;日—dend)
和出生日期(yman,mman,dman)，计算出某人的实际年龄。请填空。

```
int yend, mend, dend, yman, mman, dman, age;
age=yend-yman;
if( mend【1】 mman ) age--;
else if ( mend【2】 mman && dend【3】 dman )
    age--;
```

【题 4.79】以下程序的运行结果是【 】。

```
#include <stdio.h>
int main( )
{   int a=-10, b=-3;
    printf( "%d,", -a%b );
    printf( "%d,", (a-b, a+b) );
    printf( "%d\n", a-b?a-b:a+b );
    return 0;
}
```

【题 4.80】以下程序的运行结果是【 】。

```
#include <stdio.h>
int main( )
{  int x,y,z;
   x=3;
   y=z=4;
```

```c
        printf("%d,",( x >=y >=x )? 1:0 );
        printf("%d\n", z >=y && y >=x );
        return 0;
    }
```

【题 4.81】 若运行以下程序时输入：−2<回车>,则程序的输出结果是【 】。

```c
#include <stdio.h>
int main( )
{ int a,b;
  scanf("%d",&a);
  b=(a>=0)? a:-a;
  printf("b=%d",b);
  return 0;
}
```

【题 4.82】 若运行以下程序时输入：100<回车>,则程序的运行结果是【 】。

```c
#include <stdio.h>
int main( )
{ int a;
  scanf("%d",&a);
  printf("%s",(a%2!=0)? "no":"yes");
  return 0;
}
```

【题 4.83】 若运行以下程序时输入字符为 Q,则程序的运行结果是【 】。

```c
#include <stdio.h>
int main( )
{ char ch;
  scanf("%c",&ch);
  ch=(ch>='A'&& ch<='Z')? (ch+32):ch;
  ch=(ch>='a'&& ch<='z')? (ch-32):ch;
  printf("%c",ch);
  return 0;
}
```

【题 4.84】 若运行以下程序时输入：1992<回车>,则程序的运行结果是【 】。

```c
#include <stdio.h>
int main( )
{ int y,t;
  scanf("%d",&y);
  t=((y%4==0 && y%100!=0)||y%400==0)?1:0;
  if(t) printf("%d is",y);
  else printf("%d is not",y);
  printf(" a leap year");
```

```
        return 0;
    }
```

【题 4.85】以下程序可用来实现电路学中状态图的功能：若开关为开（用 1 表示）的状态，则应该将现有的状态取非（0→1、1→0）；若开关为关的状态，则现有的状态保持不变（状态值由用户输入）。请填空。

```
#include <stdio.h>
int main()
{   int flag,state;
    printf("Enter a value of switch:");
    scanf("%d",&flag);
    printf("Enter a value for new state:");
    scanf("%d",&state);
    if(flag==1)
        state=【  】;
    printf("Now value of state is:%d\n",state);
    return 0;
}
```

【题 4.86】若 x、y、z 均已正确定义且 x＝1、y＝2、z＝3，则执行以下 if 语句后，x、y、z 中的值分别是【1】、【2】、【3】。

```
if(x>z)
    y=x; x=z; z=y;
```

【题 4.87】若 x、y、z 均已正确定义且 x＝1、y＝2、z＝3，则执行以下 if 语句后，x、y、z 中的值分别是【1】、【2】、【3】。

```
if(x>z)
    y=x, x=z; z=y;
```

【题 4.88】将以下含有 switch 语句的程序段改写成对应的含有非嵌套 if 语句的程序段。请填空。

● 含有 switch 语句的程序段：

```
int x,y,m;
scanf("%d",&x);
y=x/10;
switch(y)
  { case 10: m=5;break;
    case 9: m=4;break;
    case 8: m=3;break;
    case 7: m=2;break;
    case 6: m=1;break;
    default:m=0;
  }
```

● 含有非嵌套 if 语句的程序段：

```
int x,m;
scanf("%d",&x);
if(【1】) m=5;
if((x<100)&&(x>=90)) m=4;
if((x<90)&&(x>=80)) m=3;
if((x<80)&&(x>=70)) m=2;
if((x<70)&&(x==60)) m=1;
if(【2】) 【3】;
```

【题 4.89】若下列条件语句中的变量均已定义为整型且已正确赋值,则输出与其他语句不同的是【 】。

(1) `if (m) printf("%d\n",x); else printf("%d\n",y);`

(2) `if (m==0) printf("%d\n",x); else printf("%d\n",y);`

(3) `if (m==0) printf("%d\n",y); else printf("%d\n",x);`

(4) `if (m!=0) printf("%d\n",x); else printf("%d\n",y);`

【题 4.90】若运行以下程序时输入:3 5/<回车>,则程序的运行结果是【 】。

```
#include <stdio.h>
int main()
{ float x,y;
  char o;
  double r;
  scanf("%f %f %c",&x,&y,&o);
  switch(o)
    { case '+': r=x+y;break;
      case '-': r=x-y;break;
      case '*': r=x*y;break;
      case '/': r=x/y;break;
    }
  printf("%f ",r);
  return 0;
}
```

【题 4.91】根据以下给出的嵌套 if 语句,填写对应的 switch 语句,使它完成相同的功能。

(假设 mark 的取值范围为 1~100。)

● if 语句:

```
if( mark<60 ) k=1;
else if( mark<70 ) k=2;
else if( mark<80 ) k=3;
else if( mark<90 ) k=4;
else if( mark<=100) k=5;
```

● switch 语句:

```
switch(【1】)
```

```
    {   【2】       k=1; break;
     case  6  : k=2; break;
     case  7  : k=3; break;
     case  8  : k=4; break;
     【3】          k=5;
    }
```

【题 4.92】若有以下程序段,且 grade 的值为字母 C,则输出结果是【　】。

```
switch ( grade )
 { case 'A' : printf("85～100\n");
   case 'B' : printf("70～84\n");
   case 'C' : printf("60～69\n");
   case 'D' : printf("<60\n");
   default : printf("error!\n");
  }
```

【题 4.93】以下程序段的输出结果是【　】。

```
int x=1, y=0;
switch (x)
 { case 1 :
   switch (y)
     { case 0 : printf(" * * 1 * * \n"); break;
       case 1 : printf(" * * 2 * * \n"); break;
      }
    case 2 : printf(" * * 3 * * \n");
 }
```

【题 4.94】下面程序的功能是:根据表 4-6 中给定的函数关系,对输入的每个 x 值,计算出相应的 y 值。请填空。

表 4-6　题 4.94 的函数关系

x	y
$x < 0$	0
$0 <= x < 10$	x
$10 <= x < 20$	10
$20 <= x < 40$	$-0.5x + 20$

```
#include <stdio.h>
int main( )
{ int x,c,m;
  float y;
  scanf("%d",&x);
```

```
        if(【1】) c=-1;
        else c=【2】;
        switch(c)
        {   case -1 : y=0; break;
            case  0 : y=x; break;
            case  1 : y=10; break;
            case  2:
            case  3 : y=-0.5*x+20; break;
            default :y=-2;
        }
        if(【3】) printf("y=%f",y);
        else printf("error\n");
        return 0;
    }
```

【题 4.95】以下程序的输出结果是【　】。

```
#include <stdio.h>
int main( )
 { int a=2,b=7,c=5;
   switch (a>0)
   { case 1: switch (b<0)
             { case 1: printf("@ "); break;
               case 2: printf("! "); break;
             }
     case 0: switch (c==5)
             { case 0: printf(" * "); break;
               case 1: printf("# "); break;
               default: printf("# "); break;
             }
     default: printf("&");
   }
   printf("\n");
   return 0;
}
```

【题 4.96】以下程序的输出结果是【　】。

```
#include <stdio.h>
int main( )
{   int x,y;
    x=5;
    switch(x)
     { case 1:
       case 2:
       case 3:
       case 4:printf("x<5\n");
       case 5:printf("x=5\n");
```

```
        default:printf("The value of x is unknown.\n");
    }
  return 0;
}
```

【题 4.97】假设奖金税率如下(a 代表奖金,r 代表税率):

a＜500   r＝0％

500≤a＜1000   r＝5％

1000≤a＜2000   r＝8％

2000≤a＜3000   r＝10％

3000≤a   r＝15％

以下程序的功能是：对输入的一个奖金数,求税率、应交税款以及实得奖金数(扣除奖金税后)。题中,r 代表税率,t 代表税款,b 代表实得奖金数。请填空。

```
#include <stdio.h>
int main()
{ float a,r,t,b;
  int c;
  scanf("%f",&a);
  if(a>=3000) c=6;
  else c=【1】;
  switch(c)
  { case 0: r=0;break;
    case 1: r=0.05;break;
    case 2:
    case 3:【2】;break;
    case 4:
    case 5: r=0.1;break;
    case 6: r=0.15;break;
  }
  t=a*r;
  b=a-t;
  printf("r=%f,t=%f,b=%f",r,t,b);
  return 0;
}
```

【题 4.98】某个自动加油站有 a、b、c 三种汽油,单价分别为 1.50、1.35、1.18(元/千克),也提供了"自己加"或"协助加"两个服务等级,以便用户可得到 5％ 或 10％ 的优惠。以下程序的功能是：针对用户输入加油量 a、汽油品种 b 和服务类型 c(f—自动,m—自己,e—协助),输出应付款 m。请填空。

```
#include <stdio.h>
```

```
int main( )
{ float a,r1,r2,m;
  char b,c;
  scanf("%f %c %c",&a,&b,&c);
  switch(b)
   { case 'a': r1=1.5;break;
     case 'b': 【1】;break;
     case 'c': r1=1.18;break;
   }
  switch(c)
   { case 'f': r2=0;break;
     case 'm': r2=0.05;break;
     case【2】: r2=0.1;break;
   }
  m=【3】;
  printf("%f",m);
  return 0;
}
```

【题 4.99】以下程序的功能是：计算某年某月有几天。其中判别闰年的条件是：能被 4 整除且不能被 100 整除的年是闰年，但能被 400 整除的年也是闰年。请填空。

```
#include <stdio.h>
int main( )
{ int yy,mm,len;
  printf("year,month=");
  scanf("%d %d",&yy,&mm);
  switch(mm)
    { case 1: case 3: case 5: case 7:
      case 8: case 10: case 12: 【1】; break;
      case 4: case 6: case 9: case 11: len=30;break;
      case 2:
         if(yy%4==0 && yy%100!=0||yy%400==0)【2】;
         else【3】;
         break;
      default:printf("input error");
      break;
    }
  printf("the length of %d %d is%d\n",yy,mm,len);
  return 0;
}
```

【题 4.100】若 a、b、c 均已正确定义且已赋值，则以下程序的运行结果是【　】。

```
#include <stdio.h>
```

```c
int main()
{   int a,b,c;
    a=0; b=2; c=3;
    switch(a)
    {   case 0:switch(b==2)
        { case 1:printf("&"); break;
          case 2:printf("%"); break;
        }
        case1:switch(c)
        { case 1:printf("$");
          case 2:printf(" * ");break;
          default:printf("#");
        }
    }
    return 0;
}
```

4.3　编　程　题

【题 4.101】 编写程序实现功能：输入整数 a 和 b，若 $a^2+b^2>100$，则输出 a^2+b^2 的百位以上数字，否则直接输出 a^2+b^2。

【题 4.102】 编写程序判断输入的正整数是否既是 5 又是 7 的整倍数。若是，则输出 yes；否则，输出 no。

【题 4.103】 输入一个不多于五位的正整数，要求：(1)求出它由几位数构成；(2)分别输出每一位数字；(3)按逆序输出各位数字（例如，输入原数为 123，则输出 321）。请编写程序实现上述功能。

【题 4.104】 编写程序实现：输入一个整数，判断它能否分别被 3、5、7 整除，并输出以下信息之一：

(1) 能同时被 3、5、7 整除；

(2) 能被其中两数（要指出哪两个）整除；

(3) 能被其中一个数（要指出哪一个）整除；

(4) 不能被 3、5、7 中的任一个整除。

【题 4.105】 用 switch 语句编程实现以下函数关系：

$$y=\begin{cases} -1 & (x<0) \\ 0 & (x=0) \\ 1 & (x>0) \end{cases}$$

【题 4.106】 编写程序实现功能：读入两个运算数（data1 和 data2）及一个运算符（op），计算表达式 data1 op data2 的值，其中 op 可以为＋、－、＊、／ 4 个符号中的任一种（用 switch 语句实现）。

【题 4.107】编写程序实现功能：对于给定的一个百分制成绩，改用相应的五级分成绩表示。设：90 分以上为 A，80～89 分为 B，70～79 分为 C，60～69 分为 D，60 分以下为 E（要求用 switch 语句实现）。

【题 4.108】编写程序实现功能：输入一个复数，输出其共轭复数。例如，输入 2＋3i＜回车＞时，输出 2－3i；输入 2－3i＜回车＞时，输出 2＋3i。

第 5 章 循 环 结 构

5.1 选 择 题

【题 5.1】设有程序段:

```
int k=10;
while (k=0) k=k-1;
```

则下面描述中正确的是_____。

A) while 循环执行 10 次　　　　　　　B) 循环是无限循环

C) 循环体语句一次也不执行　　　　　D) 循环体语句执行一次

【题 5.2】设有以下程序段:

```
int x=0,s=0;
while (!x!=0) s+=++x;
printf ("%d", s);
```

则_____。

A) 运行程序段后输出 0　　　　　　　B) 运行程序段后输出 1

C) 程序段中的控制表达式是非法的　D) 程序段执行无限次

【题 5.3】语句 while(!E);中的表达式!E 等价于_____。

A) E==0　　　B) E!=1　　　C) E!=0　　　D) E==1

【题 5.4】下面程序段的运行结果是_____。

```
a=1; b=2; c=2;
while(a<b<c)  { t=a; a=b; b=t; c--; }
printf("%d,%d,%d",a,b,c);
```

A) 1,2,0　　　B) 2,1,0　　　C) 1,2,1　　　D) 2,1,1

【题 5.5】下面程序段的运行结果是_____。

```
x=y=0;
while(x<15) y++,x+=++y;
printf("%d,%d",y,x);
```

A) 20,7　　　B) 6,12　　　C) 20,8　　　D) 8,20

【题 5.6】下面程序段的运行结果是_____。

```
int n=0;
while(n++<=2);  printf("%d",n);
```

A) 2   B) 3   C) 4   D) 有语法错

【题 5.7】设有程序段：

```
t=0;
while (printf("*"))
{  t++;
   if(t<3) break;
}
```

下面描述正确的是_____。

A) 其中循环控制表达式与 0 等价   B) 其中循环控制表达式与'0'等价

C) 其中循环控制表达式不合法   D) 以上说法都不对

【题 5.8】下面程序的功能是将从键盘输入的一对数由小到大排序输出。当输入一对相等数时结束循环，请选择填空。

```
#include <stdio.h>
int main()
{  int a,b,t;
   scanf("%d%d",&a,&b);
   while(【 】)
   {  if(a>b)
      {  t=a; a=b; b=t; }
      printf("%d,%d\n",a,b);
      scanf("%d%d",&a,&b);
   }
   return 0;
}
```

A) !a=b   B) a!=b   C) a==b   D) a=b

【题 5.9】下面程序的功能是从键盘输入的一组字符中统计出大写字母的个数 m 和小写字母的个数 n，并输出 m、n 中的较大者，请选择填空。

```
#include <stdio.h>
int main()
{  int m=0,n=0; char c;
   while((【1】)!='\n')
   {  if(c>='A'&&c<='Z') m++;
      if(c>='a'&&c<='z') n++;
   }
   printf("%d\n", m<n ?【2】);
   return 0;
}
```

【1】A) c=getchar   B) getchar()

      C) c=getchar()   D) scanf("%c",c)

【2】A) n;m   B) m;n

【题5.10】下面程序的功能是将小写字母变成对应大写字母后的第二个字母。其中 y 变成 A,z 变成 B。请选择填空。

```
#include <stdio.h>
int main()
{   char c;
    while((c=getchar())!='\n')
    {   if(c>='a'&&c<='z')
        {   【1】;
            if(c>'Z') 【2】;
        }
        printf("%c",c);
    }
    return 0;
}
```

【1】A) c+=2   B) c-=32   C) c=c+32+2   D) c=c-32+2

【2】A) c='B'   B) c='A'   C) c-=26   D) c=c+26

【题5.11】下面程序的功能是在输入的一系列正整数中求出最大者,输入 0 结束循环,请选择填空。

```
#include <stdio.h>
int main()
{   int a,max=0;
    scanf("%d",&a);
    while(【  】)
    {   if(max<a) max=a;
        scanf("%d",&a);
    }
    printf("%d",max);
    return 0;
}
```

A) a==0   B) a   C) !a==1   D) !a

【题5.12】下面程序的运行结果是_____。

```
#include <stdio.h>
int main()
{   int num=0;
    while(num<=2)
    {   num++;
        printf("%d\n",num);
    }
    return 0;
}
```

A）1　　　　　　B）1　　　　　　C）1　　　　　　D）1

2　　　　　　　　2　　　　　　　　2

3　　　　　　　　3

4

【题 5.13】若运行以下程序时，从键盘输入 2473＜回车＞，则下面程序的运行结果是_____。

```
#include <stdio.h>
int main( )
{ int c ;
  while( (c=getchar( )) !='\n')
    switch(c-'2')
    { case 0:
      case 1: putchar ( c+4 );
      case 2: putchar ( c+4 ); break;
      case 3: putchar ( c+3 );
      default: putchar ( c+2 ); break;
    }
  return 0;
}
```

A）668977　　　B）668966　　　C）66778777　　　D）6688766

【题 5.14】以下程序的功能是反向输出整数 1234，请选择填空。

```
#include <stdio.h>
int main( )
{ int d,n=1234;
  while(n!=0)
  { d=【 】;
    printf("%d",d);
    n=n/10;
  }
  return 0;
}
```

A）n/1000　　　B）n%100　　　C）n%10　　　D）n/10

【题 5.15】以下能正确计算 1×2×3×…×10 的程序段是_____。

```
A) do                      B) do
   { i=1;s=1;                 { i=1;s=0;
     s=s * i;                   s=s * i;
     i++;                       i++;
   } while (i<=10);           } while (i<=10);
```

```
C) i=1; s=1;                              D) i=1; s=0;
   do                                        do
   {  s=s*i;                                 {  s=s*i;
      i++;                                       i++;
   } while (i<=10);                          } while (i<=10);
```

【题 5.16】以下程序段_____。

```
x=-1;
do
{ x=x*x; } while (!x);
```

A) 是死循环   B) 循环执行两次 C) 循环执行一次 D) 有语法错误

【题 5.17】以下关于 while 和 do-while 循环的描述中,正确的是_____。

A) while 和 do-while 循环中的循环体语句都至少被执行一次

B) do-while 循环必须用 break 语句才能退出循环

C) while 循环体中,一定要有能使 while 后面的表达式的值变为"假"的操作

D) do-while 循环中,当 while 后面的表达式的值为非零时结束循环

【题 5.18】若有如下语句:

```
int x=3;
do { printf("%d\n",x-=2); } while (!(--x));
```

上面程序段_____。

A) 输出 1   B) 输出 1 和 -2   C) 输出 3 和 0   D) 是死循环

【题 5.19】下面程序的功能是计算正整数 2345 的各位数字的平方和,请选择填空。

```
#include <stdio.h>
int main( )
{  int n=2345,sum=0;
   do
   {  sum=sum+【1】;
      n=【2】;
   } while(n);
   printf("sum=%d",sum);
   return 0;
}
```

【1】A) n%10   B) (n%10)*(n%10)
    C) n/10   D) (n/10)*(n/10)

【2】A) n/1000   B) n/100
    C) n/10   D) n%10

【题 5.20】下面程序的功能是从键盘输入若干学号,然后输出学号中百位数字是 3 的学
         号(输入 0 时结束循环),请选择填空。

```
#include <stdio.h>
```

```
int main()
{ long int num;
  scanf("%ld", &num);
  do
  { if([1]) printf("%ld ", num);
    scanf("%ld", &num);
  } while([2]);
  return 0;
}
```

【1】A) num%100/10==3   B) num/100%10==3

　　C) num%10/10==3   D) num/10%10==3

【2】A) !num   B) num>0==0   C) !num==0   D) !num!=0

【题 5.21】假设等比数列的第一项 a=1,公比 q=2,下面程序的功能是求满足前 n 项和小于 100 的最大 n,请选择填空。

```
#include <stdio.h>
int main()
{ int a=1, q=2, n=0, sum=0;
  do
  { [1];
    ++n; a*=q;
  } while(sum<100);
  [2];
  printf("%d\n", n);
  return 0;
}
```

【1】A) sum++   B) sum+=a   C) sum=a+a   D) a+=sum

【2】A) n=n-2   B) n=n   C) n++   D) n-=1

【题 5.22】下面程序的功能是把 316 表示为两个加数的和,使两个加数分别能被 13 和 11 整除,请选择填空。

```
#include <stdio.h>
int main()
{ int i=0, j, k;
  do { i++; k=316-13*i; } while([ ]);
  j=k/11;
  printf("316=13*%d+11*%d", i, j);
  return 0;
}
```

A) k/11   B) k%11   C) k/11==0   D) k/11=0

【题 5.23】下面程序的运行结果是_____。

```
#include <stdio.h>
```

```c
int main( )
{  int i=1,s=3;
   do
   {  s+=i++;
      if(s%7!=0) ++i;
   }while(s<15);
   printf("%d\n",i);
   return 0;
}
```

A) 7　　　　　　　B) 8　　　　　　C) 15　　　　　D) 17

【题 5.24】 若运行以下程序时，从键盘输入 Total＜回车＞，则下面程序的运行结果是_____。

```c
#include <stdio.h>
int main( )
{  char c; int v1=0,v2=0;
   do
   {  switch(c=getchar( ))
      {  case 'a': v1+=1;
         case 't': case 'T': v2+=1;
         default: v1+=1; v2+=1;
      }
   } while(c!='\n');
   printf("v1=%d,v2=%d\n",v1,v2);
   return 0;
}
```

A) v1＝3,v2＝4　B) v1＝4,v2＝4　C) v1＝6,v2＝8　D) v1＝7,v2＝9

【题 5.25】 下面程序的运行结果是_____。

```c
#include <stdio.h>
int main( )
{  int a=1,b=10;
   do
   { b-=a; a++; } while(b--<0);
   printf("a=%d,b=%d\n",a,b);
   return 0;
}
```

A) a＝3，b＝11　B) a＝2，b＝8　　C) a＝1，b＝－1　D) a＝4，b＝9

【题 5.26】 下面有关 for 循环的正确描述是_____。

A) for 循环只能用于循环次数已经确定的情况

B) for 循环是先执行循环体语句,后判断表达式

C) 在 for 循环中,不能用 break 语句跳出循环体

D) for 循环的循环体语句中，可以包含多条语句，但必须用花括号括起来

【题 5.27】对 for(表达式 1;;表达式 3)可理解为_____。

A) for(表达式 1; 0;表达式 3)

B) for(表达式 1; 1;表达式 3)

C) for(表达式 1; 表达式 1; 表达式 3)

D) for(表达式 1; 表达式 3; 表达式 3)

【题 5.28】若 i 为整型变量,则以下循环执行次数是_____。

```
for (i=2; i==0; ) printf("%d",i--);
```

A) 无限次　　　　B) 0 次　　　　　C) 1 次　　　　D) 2 次

【题 5.29】以下 for 循环的执行次数是_____。

```
for (x=0,y=0; (y=123)&&(x<4); x++);
```

A) 是无限循环　　B) 循环次数不定　C) 执行 4 次　　　D) 执行 3 次

【题 5.30】以下不是无限循环的语句为_____。

A) for(y=0,x=1; x>++y; x=i++) i=x;

B) for(; ; x++=i);

C) while (1) { x++; }

D) for (i=10 ; ; i--) sum+=i;

【题 5.31】下面程序段的运行结果是_____。

```
for(y=1; y<10;) y=((x=3 * y,x+1),x-1);
printf("x=%d,y=%d",x,y);
```

A) x=27,y=27　B) x=12,y=13　　C) x=15,y=14　　D) x=y=27

【题 5.32】下面程序段的运行结果是_____。

```
for(x=3; x<6; x++) printf((x%2)?(" ** %d"):("###%d\n"),x);
```

A) ** 3　　　　　B) ##3　　　　　C) ##3　　　　　D) ** 3##4

　　##4　　　　　　　** 4　　　　　　** 4##5　　　　** 5

　　** 5　　　　　　　##5

【题 5.33】下列程序段不是死循环的是_____。

A) int i=100;

　　while (1)

　　{ i=i%100+1;

　　　if (i>100) break;

　　}

B) for (; ;);

C) int k=0;

　　do { ++k; } while (k<=0);

```
D) int s=36;
   while(s); --s;
```

【题 5.34】执行语句 for(i=1;i++<4;); 后变量 i 的值是_____。

A) 3   B) 4   C) 5   D) 不定

【题 5.35】有一堆零件(数量范围为 100~200),如果分成 4 个零件一组的若干组,则多 2
          个零件;若分成 7 个零件一组,则多 3 个零件;若分成 9 个零件一组,则多 5 个
          零件。下面的程序是求这堆零件的总数,请选择填空。

```
#include <stdio.h>
int main()
{  int i;
   for (i=100;i<200;i++)
      if((i-2)%4==0)
         if(!((i-3)%7))
            if(【  】)
               printf("%d ",i);
   return 0;
}
```

A) i%9=5   B) i%9!=5   C) (i-5)%9!=0   D) i%9==5

【题 5.36】下面程序的功能是求 m=1+12+123+1234+12345 的值,请选择填空。

```
#include <stdio.h>
int main()
{  int s=0,n=0,i;
   for(i=1;i<=5;i++)
   {  n=【  】;
      s=s+n;
   }
   printf("%d\n",s);
   return 0;
}
```

A) i*10   B) i+n*10   C) n+i*10   D) i*10+i

【题 5.37】下面程序的功能是计算 1~10 的奇数之和及偶数之和。请选择填空。

```
#include <stdio.h>
int main()
{  int a=0,b,c=0,i;
   for(i=0;i<=10;i+=2)
   {  a+=i;
      【1】;
      c+=b;
   }
   printf("The sum of even=%d\n",a);
```

```
            printf("The sum of odd=%d\n",  【2】 );
            return 0;
}
```

【1】A) b=i－－   B) b=i＋1   C) b=i＋＋   D) b=i－1

【2】A) c－10   B) c   C) c－11   D) c－b

【题 5.38】 下面程序的运行结果是_____。

```
#include <stdio.h>
int main( )
{ int i;
    for (i=1;i<=5;i++)
        switch(i%5)
        { case 0: printf(" * "); break;
            case 1: printf("#"); break;
            default: printf("\n");
            case 2: printf("&");
        }
    return 0;
}
```

A) #&&&*   B) # &   C) #   D) # &

&   &

& *   &   *

&

*

【题 5.39】 下面程序的运行结果是_____。

```
#include <stdio.h>
int main( )
{ int x,i;
    for (i=1;i<=100;i++)
    { x=i;
      if(++x%2==0)
          if(++x%3==0)
              if(++x%7==0)
                  printf("%d ",x);
    }
    return 0;
}
```

A) 39 81   B) 42 84   C) 26 68   D) 28 70

【题 5.40】 下面程序段的功能是计算 1000!的末尾含有多少个零。请选择填空。

(提示：只要算出 1000!中含有因数 5 的个数即可)

```
for(k=0,i=5; i<=1000; i+=5)
```

```
{   m=i;
    while( 【 】 ) { k++;   m=m/5; }
}
```

A) m%5=0   B) m=m%5==0   C) m%5==0   D) m%5!=0

【题 5.41】 下面程序的功能是求算式 xyz＋yzz＝532 中 x、y、z 的值（其中 xyz 和 yzz 分别表示一个三位数），请选择填空。

```
#include <stdio.h>
int main( )
{   int x,y,z,i,result=532;
    for (x=1; x<10; x++)
        for (y=1; y<10; y++)
            for( 【1】 ; z<10; z++)
            {   i=100 * x+10 * y+z+100 * y+10 * z+z;
                if(【2】)
                    printf("x=%d,y=%d,z=%d\n",x,y,z);
            }
    return 0;
}
```

【1】A) z＝x   B) z＝1   C) z＝0   D) z＝y

【2】A) i/result==1   B) i＝result   C) i!＝result   D) i==result

【题 5.42】 下面程序的功能是输出一个正整数等差数列的前 10 项，此数列的前 4 项之和及之积分别是 26 和 880，请选择填空。

```
#include <stdio.h>
int main( )
{   int a,d,i,s,f,x;                        //a 是第一项
    for(a=1; a<30; a++)
        for(d=1; 【1】 ; d++)
        {   s=0; f=1; x=a;
            for(i=1; i<=4; i++)
            {   s=s+x;
                f=f * x;
                x=x+d;
            }
            if(s==26 && f==880)
                for(i=0; i<10; i++)
                    printf("%3d", 【2】 );
        }
    return 0;
}
```

【1】A) d<=a   B) 空   C) d<=5   D) d<a

【2】A) a+i * d   B) i * d   C) a+(i+1) * d   D) a+d

【题 5.43】 下面程序的运行结果是_____。

```
#include <stdio.h>
int main()
{  int i,b,k=0;
   for (i=1;i<=5;i++)
   {  b=i%2;
      while (b-->=0) k++;
   }
   printf("%d,%d",k,b);
   return 0;
}
```

A) 3,-1   B) 8,-1   C) 3,0   D) 8,-2

【题 5.44】 以下正确的描述是_____。

A) continue 语句的作用是结束整个循环的执行

B) 只能在循环体内和 switch 语句体内使用 break 语句

C) 在循环体内使用 break 语句或 continue 语句的作用相同

D) 从多层循环嵌套中退出时,只能使用 goto 语句

【题 5.45】 在下面的程序段中,_____。

```
int t, x;
for (t=1; t<=100; t++)
{  scanf ("%d",&x);
   if (x<0) continue;
   printf("%3d",t);
}
```

A) 当 x<0 时整个循环结束   B) 当 x≥0 时什么也不输出

C) printf 函数永远也不执行   D) 最多允许输出 100 个非负整数

【题 5.46】 下面的程序段_____。

```
int x=1,y;
do
{  y=x--;
   if(!y)  { printf("*");continue;  }
   printf("#");
}while(-1<=x<=0);
```

A) 将输出 *   B) 将输出 #   C) 将输出 * #   D) 存在死循环

【题 5.47】 与下面程序段等价的是_____。

```
for(n=100; n<=200; n++)
{  if(n%3==0) continue;
   printf("%4d",n);
}
```

A) for(n=100; (n%3)&&n<=200; n++)   printf("%4d",n);

B) for(n=100; (n%3)||n<=200; n++)   printf("%4d",n);

C) for(n=100; n<=200; n++) if(n%3!=0)   printf("%4d",n);

D) for(n=100; n<=200; n++)

    { if(n%3) printf("%4d",n);

      else continue;

      break;

    }

【题 5.48】 下面程序的功能是将从键盘输入的偶数写成两个素数之和。请选择填空。

```
#include <stdio.h>
#include <math.h>
int main()
{ int a,b,c,d;
    scanf ("%d",&a);
    for (b=3; b<=a/2; b+=2)
    {  for(c=2; c<=(int)sqrt((double)b); c++)
            if(b%c==0) break;
        if(c>(int)sqrt((double)b)) d=【 】;
        else break;
        for (c=2;c<=(int)sqrt((double)d); c++)
            if (d%c==0) break;
        if (c>(int)sqrt((double)d))    printf ("%d=%d+%d\n",a,b,d);
    }
    return 0;
}
```

A) a+b   B) a-b   C) a*b   D) a/b

【题 5.49】 下面程序的运行结果是_____。

```
#include <stdio.h>
int main()
{  int k=0; char c='A';
    do
    { switch(c++)
        { case 'A': k++; break;
            case 'B': k--;
            case 'C': k+=2; break;
            case 'D': k=k%2; continue;
            case 'E': k=k*10; break;
            default: k=k/3;
        }
        k++;
    } while(c<'G');
```

```
        printf("k=%d\n",k);
        return 0;
    }
```

A) k=3　　　　　B) k=4　　　　　C) k=2　　　　　D) k=0

【题 5.50】若运行以下程序时，从键盘输入 3.6 2.4＜回车＞，则下面程序的运行结果是_____。

```
#include <stdio.h>
#include <math.h>
int main()
{ float x,y,z;
    scanf("%f%f",&x,&y);
    z=x/y;
    while(1)
        if(fabs(z)>1.0) { x=y; y=z; z=x/y; }
        else break;
    printf("%f\n",y);
    return 0;
}
```

A) 1.500000　　　B) 1.600000　　　C) 2.000000　　　D) 2.400000

【题 5.51】下面程序的运行结果是_____。

```
#include <stdio.h>
int main()
{ int a,b;
    for (a=1, b=1 ; a<=100; a++)
    { if (b>=20) break;
        if (b%3==1) { b+=3; continue; }
        b-=5;
    }
    printf ("%d \n", a);
    return 0;
}
```

A) 7　　　　　B) 8　　　　　C) 9　　　　　D) 10

【题 5.52】下面程序的运行结果是_____。

```
#include <stdio.h>
int main()
{ int i,j,x=0;
    for (i=0; i<2; i++)
    { x++;
        for(j=0; j<=3; j++)
        { if (j%2) continue;
```

```
            x++;
        }
        x++;
    }
    printf ("x=%d \n", x);
    return 0;
}
```

A）x＝4 　　　　B）x＝8 　　　C）x＝6 　　　D）x＝12

【题 5.53】下面程序的运行结果是_____。

```
#include<stdio.h>
int main( )
{  int i;
   for(i=1;i<=4;i++)
   {  if(i/2)  printf(" * ");
      else continue;
      printf("#");
   }
   return 0;
}
```

A）＊#＊#＊# 　B）#＊＊＊## 　C）＊#＊# 　　D）#＊#＊

【题 5.54】下面程序的运行结果是_____。

```
#include <stdio.h>
int main( )
{  int i,j,a=0;
   for(i=0; i<2; i++)
   {  for(j=0; j<4; j++)
      {  if( j%2 ) break;
         a++;
      }
      a++;
   }
   printf("%d\n",a);
   return 0;
}
```

A）4 　　　　　B）5 　　　　　C）6 　　　　　D）7

5.2　填　空　题

【题 5.55】下面的程序段是从键盘输入的字符中统计数字字符的个数,用换行符结束循环。请填空。

```
int n=0;char c;
```

```
c=getchar( );
while(【1】)
{ if(【2】) n++;
  c=getchar( );
}
```

【题5.56】下面程序的功能是用公式：

$$\frac{\pi^2}{6} \approx \frac{1}{1^2} + \frac{1}{2^2} + \frac{1}{3^2} + \cdots + \frac{1}{n^2}$$

求 π 的近似值，直到最后一项的值小于 10^{-6} 为止。请填空。

```
#include <stdio.h>
#include <math.h>
int main( )
{ long  i=1;
  【1】 pi=0;
  while( i * i<=1e+6 )  { pi=【2】;  i++; }
  pi=sqrt(6.0 * pi);
  printf("pi=%10.6lf\n",pi);
  return 0;
}
```

【题5.57】有1020个西瓜，第一天卖一半多两个，以后每天卖剩下的一半多两个，下面的程序统计卖完所需的天数。请填空。

```
#include <stdio.h>
int main( )
{ int day=0,x1=1020,x2;
  while(【1】) { x2=【2】; x1=x2; day++; }
  printf("day=%d\n",day);
  return 0;
}
```

【题5.58】下面程序的功能是用辗转相除法求两个正整数的最大公约数。请填空。

```
#include <stdio .h>
int main( )
{ int r,m,n ;
  scanf("%d%d",&m,&n);
  if( m<n ) {【1】}
  r=m%n;
  while(r)    { m=n;  n=r;  r=【2】; }
  printf("%d\n",n);
  return 0;
}
```

【题5.59】当运行以下程序时，从键盘键入"right？＜回车＞"，则下面程序的运行结果是【 】。

```
#include <stdio.h>
int main( )
{  char c ;
    while((c=getchar( ))!='?')    putchar(c-32);
    return 0;
}
```

【题 5.60】下面程序的运行结果是【 】。

```
#include <stdio.h>
int main( )
{  int a=2,s=0,n=1,count=1;
    while (count<=7)      {  n=n*a;    s=s+n;    ++count;    }
    printf("s=%d",s);
    return 0;
}
```

【题 5.61】当运行以下程序时，从键盘输入"China#＜回车＞"，则下面程序的运行结果是
【 】。

```
#include <stdio.h>
int main( )
{  int v1=0, v2=0; char ch;
    while((ch=getchar( ))!='#')
       switch(ch)
         {  case 'a':
            case 'h':
            default: v1++;
            case 'o':v2++;
         }
    printf("%d,%d\n",v1,v2);
    return 0;
}
```

【题 5.62】执行下面程序段后,k 的值是【 】。

```
k=1; n=263;
do { k*=n%10; n/=10; } while(n);
```

【题 5.63】下面程序段中循环体的执行次数是【 】。

```
y=3;
do {  printf("%d ",y-=2);  }while(!(--y));
```

【题 5.64】下面程序段的运行结果是【 】。

```
x=2;
do { printf ("*"); x--;  } while (!x==0);
```

【题 5.65】 下面程序段的运行结果是【 】。

```
i=1; a=0; s=1;
do { a=a+s*i; s=-s; i++; } while(i<=10);
printf("a=%d",a);
```

【题 5.66】 下面程序的功能是用 do-while 语句求 1~1000 的满足"用 3 除余 2,用 5 除余 3,用 7 除余 2"的数,且一行只打印 5 个数。请填空。

```
#include <stdio.h>
int main ( )
{  int i=1,j=0;
    do
    {  if( 【1】 )
       {  printf("%4d",i);
          j=j+1;
          if( 【2】 )  printf("\n");
       }
       i=i+1;
    } while(i<1000);
    return 0;
}
```

【题 5.67】 下面程序的功能是统计正整数的各位数字中 0 的个数,并求各位数字中的最大数,请填空。

```
#include <stdio.h>
int main ( )
{  int n,count=0, max=0, t;
    scanf("%d",&n);
    do
    {  t=【1】;
       if(t==0) ++count;
       else if(max<t) 【2】;
       n/=10;
    } while(n);
    printf("count=%d,max=%d",count,max);
    return 0;
}
```

【题 5.68】 等差数列的第一项 a=2,公差 d=3,下面程序的功能是在数列的前若干项和中,输出能被 4 整除的所有的和值。请填空。

```
#include <stdio.h>
int main ( )
{  int a=2,d=3,sum=0;
```

```
        do
        {   sum+=a;
            a+=d;
            if(【 】) printf("%d\n",sum);
        } while(sum<200);
        return 0;
        }
```

【题 5.69】 下面程序的功能是求 11^{11} 的个、十、百位上的数字之和。请填空。

```
#include <stdio.h>
int main( )
{   int i,s=1,m=0;
    for(i=1;i<=11;i++) s=s*11%1000;
    do { m+=【1】; s=【2】; } while(s);
    printf("m=%d\n",m);
    return 0;
}
```

【题 5.70】 当运行以下程序时，从键盘输入"1 2 3 4 5 –1＜回车＞"，则下面程序的运行结果是【 】。

```
#include <stdio.h>
int main( )
{   int k=0, n;
    do
    {   scanf("%d",&n ); k+=n;
    }while (n!=-1);
    printf("k=%d n=%d\n",k,n);
    return 0;
}
```

【题 5.71】 下面程序的运行结果是【 】。

```
#include <stdio.h>
int main( )
{   int i=0,x=0,y=0;
    do
    {   ++i;
        if (i%2!=0)   {x=x+i;i++;}
        y=y+i++;
    } while (i<=7);
    printf("x=%d,y=%d\n",x,y);
    return 0;
}
```

【题 5.72】 下面程序的运行结果是【 】。

```
#include <stdio.h>
int main( )
{   int a=1,b=3,i=1;
    do
    {   printf("%d,%d,",a,b);
        a=(b-a) * 2+b;
        b=(a-b) * 2+a;
        if (i++%2==0) printf("\n");
    } while (b<100);
    return 0;
}
```

【题 5.73】 有以下程序段：

```
s=1.0;
for(i=1;i<=n;i++)
    s=s+1.0/(i * (i+1));
printf("%lf\n",s);
```

若使下面程序段与上面的程序段功能相同，请填空。

```
s=0.0;t=1.0;i=0;
do
{ 【1】;
   i++;
   t=1.0/(i * (i+1));
}while(【2】);
printf("%lf\n",s);
```

【题 5.74】 下面程序段的功能是找出整数的所有因子。请填空。

```
scanf("%d",&x);
i=1;
for( ;  【  】 ;  )
{   if(x%i==0) printf("%3d",i);
    i++;
}
```

【题 5.75】 鸡兔共有 30 只，脚共有 90 只，下面程序段的功能是计算鸡兔各有多少只。请填空。

```
for(x=1; x<=30; x++)
{   y=30-x;
    if(【  】)   printf("%d,%d\n",x,y);
}
```

【题 5.76】 下面程序段的运行结果是【 】。

```
for(a=1,i=-1; -1<=i<1; i++)
```

```
        {  a++; printf("%2d",a); }
        printf("%2d",i);
```

【题 5.77】下面程序的功能是计算 $1-3+5-7+\cdots-99+101$ 的值。请填空。

```
#include <stdio.h>
int main( )
{  int i,t=1,s=0;
   for(i=1; i<=101; i+=2)
   { 【1】;   s=s+t; 【2】; }
   printf("%d\n",s);
   return 0;
}
```

【题 5.78】以下程序的功能是用梯形法求 $\sin(x)\cos(x)$ 的定积分。求定积分的公式为：

$$s = \frac{h}{2}[f(a)+f(b)] + h\sum_{i=1}^{n-1}f(x_i)$$

其中，$x_i = a+ih$，$h = \frac{b-a}{n}$，并假设 $a=0$，$b=1.2$ 为积分上下限，积分区间分割数 $n=100$。请填空。

```
#include <stdio.h>
#include <math.h>
int main( )
{  int i,n; double h,s,a=0,b=1.2;
   n=100;   h=【1】;
   s=0.5 * (sin(a) * cos(a)+sin(b) * cos(b));
   for(i=1;i<=n-1;i++)   s+=【2】;
   s * =h;
   printf("s=%10.4lf\n",s);
   return 0;
}
```

【题 5.79】以下程序的功能是根据公式 $e=1+\frac{1}{1!}+\frac{1}{2!}+\frac{1}{3!}+\cdots$，求 e 的近似值，精度要求为 10^{-6}。请填空。

```
#include <stdio.h>
int main( )
{  int i; double e,new;
   【1】; new=1.0;
   for(i=1;【2】;i++)
   {  new/=(double)i; e+=new; }
   printf("e=%lf\n",e);
   return 0;
}
```

【题 5.80】下面程序的运行结果是【 】。

```c
#include <stdio.h>
int main()
{ int i,t,sum=0;
    for(t=i=1; i<=10;)
    { sum+=t;   ++i;
        if(i%3==0)   t=-i;
        else   t=i;
    }
    printf("sum=%d",sum);
    return 0;
}
```

【题 5.81】下面程序的运行结果是【 】。

```c
#include <stdio.h>
int main()
{ int i;
    for (i=1;i<=5;i++)
        switch(i%2)
        { case 0: i++; printf("#");break;
            case 1: i+=2; printf("*");
            default: printf("\n");
        }
    return 0;
}
```

【题 5.82】下面程序的功能是求满足下列条件的四位数：该数是一个完全平方数(若一个数能表示成某个整数的平方的形式,则称这个数为完全平方数),该数的千位、十位数字之和是 10,百位、个位数字之积是 12。请填空。

```c
#include <stdio.h>
#include <math.h>
int main()
{ int i,g,s,b,q,t,f=0;
    for(i=【1】;i<100;i++)
    { t=i*i;
        g=t%10;
        s=t/10%10;
        b=t%1000/100;
        q=t/1000;
        if(【2】)
        { printf("%d=%d*%d\n",t,i,i);   f++; }
    }
    if(f==0)   printf("Not exist\n");
```

```
        return 0;
    }
```

【题 5.83】下面程序的功能是统计用数字 0~9 可以组成多少个没有重复的三位偶数。请填空。

```
#include <stdio.h>
int main( )
{   int n=0,i,j,k;
    for(i=1; i<=9; i++)
        for(k=0; k<=8;【1】)
            if( k !=i)
                for(j=0 ; j<=9; j++)
                    if(【2】)
                        n++;
    printf("n=%d\n",n);
    return 0;
}
```

【题 5.84】下面程序的功能是输出 1~100 满足每位数的乘积大于每位数的和的数。请填空。

```
#include <stdio.h>
int main( )
{   int n,k=1,s=0,m;
    for(n=1;n<=100;n++)
    {   k=1; s=0;
        【1】;
        while(【2】)
        {   k*=m%10;
            s+=m%10;
            【3】;
        }
        if(k>s)   printf("%d ",n);
    }
    return 0;
}
```

【题 5.85】下面程序的功能是求 1000 以内的所有完全数。请填空。
(说明:一个数如果恰好等于它的因子之和(除自身外),则称该数为完全数。
例如:6=1+2+3, 6 为完全数)

```
#include <stdio.h>
int main( )
{   int a,i,m;
    for(a=1; a<=1000; a++)
```

```
    {  for( 【1】  ; i<=a/2; i++) if( !(a%i) )  【2】  ;
       if(m==a)  printf("%4d",a);
    }
    return 0;
}
```

【题 5.86】下面程序的功能是完成用 100 元人民币换成 1 元、2 元、5 元的所有兑换方案。请填空。

```
#include <stdio.h>
int main( )
{  int i,j,k,l=1;
   for(i=0; i<=20; i++)
     for(j=0; j<=50; j++)
     {  k=【1】;
        if(【2】)
        {  printf(" %2d %2d %2d ",i,j,k);
           l=l+1;
           if(l%5==0) printf("\n");
        }
        return 0;
     }
}
```

【题 5.87】下面程序的功能是从 3 个红球、5 个白球、6 个黑球中任意取出 8 个球，且其中必须有白球，输出所有可能的方案。请填空。

```
#include <stdio.h>
int main( )
{  int i,j,k;
   printf("\n hong bai hei\n");
   for (i=0; i<=3; i++)
       for(【1】; j<=5; j++)
       {  k=8-i-j;
          if(【2】)   printf(" %3d %3d %3d\n",i,j,k);
       }
   return 0;
}
```

【题 5.88】若从键盘输入 65 14<回车>，则下面程序的运行结果是【 】。

```
#include <stdio.h>
int main( )
{  int m,n;
   printf("Enter m,n:");
   scanf("%d%d",&m,&n);
   while(m!=n)
```

```
    {  while(m>n) m-=n;
        while(n>m) n-=m;
    }
    printf("m=%d\n",m);
    return 0;
}
```

【题 5.89】下面程序的运行结果是【　】。

```
#include <stdio.h>
int main( )
{  int y=2,a=1;
    while(y--!=-1)
    {  do { a*=y;    a++;    } while(y--);    }
    printf("%d,%d",a,y);
    return 0;
}
```

【题 5.90】下面程序的运行结果是【　】。

```
#include <stdio.h>
int main( )
{  int i,j;
    for(i=0;i<=3;i++)
    {  for (j=0;j<=5;j++)
            if(i==0||j==0||i==3||j==5)  printf(" * ");
            else  printf("  ");
        printf("\n");
    }
    return 0;
}
```

【题 5.91】下面程序的运行结果是【　】。

```
#include <stdio.h>
int main( )
{  int i,j;
    for(i=4; i>=1; i--)
    {  for(j=1; j<=i; j++) putchar('#');
        for(j=1; j<=4-i; j++) putchar(' * ');
        putchar('\n');
    }
    return 0;
}
```

【题 5.92】若从键盘输入 Com*919<回车>,则下面程序的运行结果是【　】。

```
#include <stdio.h>
```

```
int main()
{  char ch;
   do
   {  ch=getchar();
      if(ch>='A'&&ch<='Z')  ch=ch+32;
      if(ch>='a'&&ch<='z')  continue;
      if(ch>='3'&&ch<='9')  ch=ch-3;
      printf("%c",ch);
   }while(ch!='\n');
   return 0;
}
```

【题 5.93】下面程序的功能是找出第一个满足每位上数字的阶乘之和等于该数本身的三位正整数。请填空。

```
#include <stdio.h>
int main()
{  int a,m,n,t,i;
   for(a=100;a<1000;a++)
   {  m=n=t=1;
      for(i=1;i<=a/100;i++)  m=m*i;
      for(i=1;i<=【1】;i++)  t=t*i;
      for(i=1;i<=a%10;i++)  n=n*i;
      if(【2】)
      {  printf("%d\n",a);【3】;  }
   }
   return 0;
}
```

【题 5.94】下面程序的功能是计算 100～1000 有多少个其各位数字之和是 5 的数字。请填空。

```
#include <stdio.h>
int main()
{  int i,s,k,count=0;
   for(i=100; i<=1000; i++)
   {  s=0; k=i;
      while (【1】)    { s=s+k%10;   k=【2】; }
      if(s!=5)【3】;
      else count++;
   }
   printf("%d",count);
   return 0;
}
```

【题 5.95】下面程序的功能是从键盘输入的 10 个整数中找出第一个能被 7 整除的数。若找到，打印此数；若未找到，打印 not exist。请填空。

```c
#include <stdio.h>
int main( )
{  int i,a;
   for (i=1; i<=10; i++)
   {  scanf("%d",&a);
      if(a%7==0)  【1】;
   }
   if(【2】) printf("%d\n",a);
   else printf("not exist\n");
   return 0;
}
```

【题 5.96】下面程序的功能是打印 100 以内个位数为 6 且能被 3 整除的所有数。请填空。

```c
#include <stdio.h>
int main( )
{  int i,j;
   for (i=0;  【1】;  i++)
   {  j=i*10+6;
      if(  【2】 )  continue;
      printf("%d ",j);
   }
   return 0;
}
```

【题 5.97】下面程序的运行结果是【 】。

```c
#include <stdio.h>
int main( )
{  int i=1;
   while(i<=15)
      if(++i%3!=2) continue;
      else printf("%d ",i);
   return 0;
}
```

【题 5.98】下面程序的输出结果是【 】。

```c
#include <stdio.h>
int main( )
{  int i,j,k=19;
   while (i=k-1)
   {  k-=3;
      if (k%5==0) {i++; continue; }
      else if(k<5) break;
      i++;
   }
```

```
        printf("i=%d,k=%d\n",i,k);
        return 0;
    }
```

【题 5.99】下面程序的运行结果是【　】。

```
    #include <stdio.h>
    int main( )
    {   int a,y;
        a=10; y=0;
        do
        {   a+=2; y+=a;
            if(y>50) break;
        } while(a=14);
        printf("a=%d y=%d\n",a,y);
        return 0;
    }
```

【题 5.100】下面程序的运行结果是【　】。

```
    #include <stdio.h>
    int main( )
    {   int i=5;
        do
        {   switch (i%2)
            {   case 4: i--; break;
                case 6: i--; continue;
            }
            i--; i--;
            printf("%d ",i);
        } while(i>0);
        return 0;
    }
```

5.3　编　程　题

【题 5.101】每个苹果 0.8 元,第一天买 2 个苹果;从第二天开始,每天买前一天的 2 倍,
直至购买的苹果个数达到不超过 100 的最大值,编写程序求每天平均花多
少钱。

【题 5.102】试编程序,找出 1～99 的全部同构数。同构数是这样一组数:它出现在平方
数的右边。例如,5 是 25 右边的数,25 是 625 右边的数,5 和 25 都是同构数。

【题 5.103】假设 x、y 是整数,编写程序求 x^y 的最后 3 位数,要求 x、y 从键盘输入。

【题 5.104】编写程序,从键盘输入 6 名学生的 5 门成绩,分别统计出每个学生的平均
成绩。

第 6 章 数 组

6.1 选 择 题

【题 6.1】在 C 语言中,引用数组元素时,其下标的数据类型不允许是_____。

    A) 整型常量   B) 整型表达式

    C) 整型常量或整型表达式   D) 任何类型的表达式

【题 6.2】以下对一维整型数组 a 的正确说明是_____。

    A) int a(10);   B) int n=10,a[n];

    C) int n;   D) #define SIZE 10

        scanf("%d",&n);   int a[SIZE];

        int a[n];

【题 6.3】若有说明:int a[10];,则对 a 数组元素的正确引用是_____。

    A) a[10]   B) a[3.5]   C) a(5)   D) a[10-10]

【题 6.4】在 C 语言中,一维数组的定义方式为:类型说明符 数组名_____。

    A) [常量表达式]   B) [整型表达式]

    C) [整型常量]或[整型表达式]   D) [整型变量]

【题 6.5】以下能对一维数组 a 进行正确初始化的语句形式是_____。

    A) int a[5]=(0,0,0,0,0);   B) int a[5]={ };

    C) int a[5]={0,1,2,3,4,5};   D) int a[5]={10};

【题 6.6】以下对二维数组 a 的正确说明是_____。

    A) int a[3][ ];   B) float a(3,4);

    C) double a[ ][4];   D) float a(3)(4);

【题 6.7】若有说明:int a[3][4];,则对 a 数组元素的正确引用是_____。

    A) a[3][4]   B) a[1,3]   C) a[1+1][0]   D) a(2)(1)

【题 6.8】若有说明:int a[3][4];,则对 a 数组元素的非法引用是_____。

    A) a[0][2*1]   B) a[1][3]   C) a[4-2][0]   D) a[0][4]

【题 6.9】以下能对二维数组 a 进行正确初始化的语句是_____。

    A) int a[2][ ]={{1,0,1},{5,2,3}};

    B) int a[ ][3]={{1,2,3},{4,5,6}};

    C) int a[2][4]={1,2,3},{4,5},{6}};

    D) int a[ ][3]={{1,0,1,0},{ },{1,1}};

【题 6.10】以下不能对二维数组 a 进行正确初始化的语句是_____。

    A) int a[2][3]={0};

B) int a[ ][3]＝{{1,2},{0}};

C) int a[2][3]＝{{1,2},{3,4},{5,6}};

D) int a[ ][3]＝{1,2,3,4,5,6};

【题 6.11】若有初始化语句：int a[3][4]＝{0};，则下面正确的叙述是_____。

　　A）只有元素 a[0][0]可得到初值 0

　　B）此初始化语句不正确

　　C）数组 a 中各元素都可得到初值,但其值不一定为 0

　　D）数组 a 中每个元素均可得到初值 0

【题 6.12】若有定义语句 int a[][2]＝{2,4,6,8,10};，则下面正确的叙述是_____。

　　A）该语句等价于 int a[3][2]＝{2,4,6,8,10};

　　B）该语句等价于 int a[][2]＝{{2,4,6},{8,10}};

　　C）该语句等价于 int a[2][2]＝{2,4,6,8,10};

　　D）该语句中有语法错误

【题 6.13】以下各组选项中,均能正确定义二维实型数组 a 的选项是_____。

　　A）float a[3][4];　　　　　　　　　B）float a(3,4);

　　　　float a[ ][4];　　　　　　　　　　　float a[3][4];

　　　　float a[3][ ]＝{{1},{0}};　　　　　float a[ ][ ]＝{{0};{0}};

　　C）float a[3][4];　　　　　　　　　D）float a[3][4];

　　　　static float a[ ][4]＝{{0},{0}};　　float a[3][ ];

　　　　auto float a[ ][4]＝{{0},{0},{0}}; float a[ ][4];

【题 6.14】下面程序段_____（每行代码前面的数字表示行号）。

```
1      int a[3];a[3]={0};
2      int i;
3      for(i=0;i<3;i++) scanf("%d",&a[i]);
4      for(i=1;i<3;i++) a[0]=a[0]+a[i];
5      printf("%d\n",a[0]);
```

　　A）第 1 行有错误　　　　　　　　　B）第 5 行有错误

　　C）第 3 行有错误　　　　　　　　　D）没有错误

【题 6.15】下面程序段_____（每行代码前面的数字表示行号）。

```
1      float a[10]={0.0};
2      int i;
3      for(i=0;i<3;i++) scanf("%d",&a[i]);
4      for(i=1;i<10;i++) a[0]=a[0]+a[i];
5      printf("%f\n",a[0]);
```

　　A）没有错误　　　　　　　　　　　B）第 1 行有错误

　　C）第 3 行有错误　　　　　　　　　D）第 5 行有错误

【题 6.16】下面程序段中有错误的行号是_____（每行代码前面的数字表示行号）。

```
1      int a[3]={1};
```

```
2        int i;
3        scanf("%d",&a);
4        for (i=1;i<3;i++) a[0]=a[0]+a[i];
5        printf("a[0]=%d\n",a[0]);
```

A）1   B）4   C）5   D）3

【题 6.17】下面程序段＿＿＿＿＿＿＿＿（每行代码前面的数字表示行号）。

```
1        int a[3]={0},i;
2        for(i=0;i<3;i++) scanf("%d",&a[i]);
3        for(i=1;i<4;i++) a[0]=a[0]+a[i];
4        printf("%d\n",a[0]);
```

A）没有错误   B）第1行有错误
C）第2行有错误   D）第3行有错误

【题 6.18】若二维数组 a 有 m 列，则计算任一元素 a[i][j] 在数组中位置的公式为
＿＿＿＿＿＿＿＿。（假设 a[0][0] 位于数组的第一个位置上）
A）i＊m＋j   B）j＊m＋i   C）i＊m＋j－1   D）i＊m＋j＋1

【题 6.19】对以下定义语句的正确理解是＿＿＿＿＿＿＿＿。

```
int a[10]={6,7,8,9,10};
```

A）将 6,7,8,9,10 依次赋给 a[1]～a[5]
B）将 6,7,8,9,10 依次赋给 a[0]～a[4]
C）将 6,7,8,9,10 依次赋给 a[6]～a[10]
D）因为数组长度与初值的个数不相同，所以此初始化语句不正确

【题 6.20】以下不正确的定义语句是＿＿＿＿＿＿＿＿。
A）double x[5]={2.0,4.0,6.0,8.0,10.0};
B）int y[5]={0,1,3,5,7,9};
C）char c1[ ]={'1','2','3','4','5'};
D）char c2[ ]={'\x10','\xa','\x8'};

【题 6.21】若有说明：int a[ ][3]={ 1,2,3,4,5,6,7};，则 a 数组第一维的大小
是＿＿＿＿＿＿＿＿。
A）2   B）3   C）4   D）无确定值

【题 6.22】若有定义 float x[4]={1.3,2.4,5.6},y=6;，则错误的语句是＿＿＿＿＿＿＿＿。
A）y=x[3];   B）y=x+1;   C）y=x[2]+1;   D）x[0]=y;

【题 6.23】定义如下变量和数组：

```
int k;
int a[3][3]={1,2,3,4,5,6,7,8,9};
```

则下面语句的输出结果是＿＿＿＿＿＿＿＿。

```
for(k=0;k<3;k++)  printf ("%d ",a[k][2-k]);
```

A) 3 5 7   B) 3 6 9   C) 1 5 9   D) 1 4 7

【题 6.24】若有以下程序段：

```
int a[ ]={4,0,2,3,1},i,j,t;
for(i=1;i<5;i++)
{ t=a[i]; j=i-1;
    while(j>=0 && t>a[j])
    {  a[j+1]=a[j]; j--;   }
    a[j+1]=t;
}
```

则该程序段的功能是_____。
A) 对数组 a 进行插入排序(升序)
B) 对数组 a 进行插入排序(降序)
C) 对数组 a 进行选择排序(升序)
D) 对数组 a 进行选择排序(降序)

【题 6.25】若有初始化 int a[ ][3]={1,2,3,4,5,6,7};，则以下错误的叙述是_____。
A) 引用 a 数组时,元素的两个下标值均不能超过 2
B) a 数组的第一维大小为 3
C) a 数组中包含 9 个元素
D) a 数组中包含 7 个元素

【题 6.26】下面程序段的运行结果是_____。

```
int a[6][6],i,j;
for(i=1;i<6;i++)
    for(j=1;j<6;j++)
        a[i][j]=(i/j) * (j/i);
for(i=1;i<6;i++)
{  for(j=1;j<6;j++)
        printf("%2d",a[i][j]);
    printf("\n");
}
```

A) 1 1 1 1 1   B) 0 0 0 0 1   C) 1 0 0 0 0   D) 1 0 0 0 1
   1 1 1 1 1   0 0 0 1 0   0 1 0 0 0   0 1 0 1 0
   1 1 1 1 1   0 0 1 0 0   0 0 1 0 0   0 0 1 0 0
   1 1 1 1 1   0 1 0 0 0   0 0 0 1 0   0 1 0 1 0
   1 1 1 1 1   1 0 0 0 0   0 0 0 0 1   1 0 0 0 1

【题 6.27】下面程序段的运行结果是_____。

```
int a[6],i;
for(i=1;i<6;i++)
{  a[i]=9 * (i-2+4 * (i>3))%5;
```

```
        printf("%3d",a[i]);
    }
```

A) -4　0　4　0　4　　　　　　　B) -4　0　4　0　3

C) -4　0　4　4　3　　　　　　　D) -4　0　4　4　0

【题 6.28】 下面是对数组 s 的初始化,其中错误的语句是_____。

A) char s[5]={"abc"};　　　　　B) char s[5]={'a','b','c'};

C) char s[5]=" ";　　　　　　　D) char s[5]="abcde";

【题 6.29】 下面程序段的运行结果是_____。

```
char c[5]={'a','b','\0','c','\0'};
printf("%s",c);
```

A) 'a"b　　　　　　　　　　　　B) ab

C) ab□c　　　　　　　　　　　　D) ab□ (其中□表示 1 个空格)

【题 6.30】 对两个数组 a 和 b 进行如下初始化:

```
char a[ ]="ABCDEF";
char b[ ]={'A','B','C','D','E','F'};
```

则以下叙述正确的是_____。

A) a 与 b 数组完全相同　　　　　B) a 与 b 的元素个数相同

C) a 和 b 中都存放字符串　　　　D) a 的元素个数比 b 多

【题 6.31】 有两个字符数组 a、b,则以下正确的输入格式是_____。

A) gets(a,b);　　　　　　　　　B) scanf("%s%s",a,b);

C) scanf("%s%s",&a,&b);　　　　D) gets("a"),gets("b");

【题 6.32】 有字符数组 a[80] 和 b[80],则正确的输出形式是_____。

A) puts(a,b);　　　　　　　　　B) printf("%s,%s",a[ ],b[ ]);

C) putchar(a,b);　　　　　　　　D) puts(a),puts(b);

【题 6.33】 下面程序段的运行结果是_____。

```
char a[7]="abcdef";
char b[4]="ABC ";
strcpy(a,b);
printf("%c",a[5]);
```

A) □　　　　　　B) \0　　　　　　C) e　　　D) f (其中□表示 1 个空格)

【题 6.34】 有下面的程序段:

```
char a[3],b[ ]="China";
a=b;
printf("%s",a);
```

则_____。

A) 运行后将输出 China　　　　　B) 运行后将输出 Ch

C）运行后将输出 Chi   D）编译出错

【题 6.35】下面程序段的运行结果是_____。

```
char c[ ]="\t\v\\\0will\n";
printf("%d",strlen(c));
```

A）14   B）3

C）9   D）字符串中有非法字符,输出值不确定

【题 6.36】判断字符串 a 和 b 是否相等,应当使用_____。

A）if(a==b)   B）if(a=b)

C）if(strlen(a)==strlen(b))   D）if(strcmp(a,b)==0)

【题 6.37】判断字符串 s1 是否大于字符串 s2,应当使用_____。

A）if(s1>s2)   B）if(strcmp(s1,s2))

C）if(strcmp(s2,s1)>0)   D）if(strcmp(s1,s2)>0)

【题 6.38】下面程序段的功能是输出两个字符串中对应位置相同的字符,请选择填空。

```
char x[ ]="programming";
char y[ ]="Fortran";
int i=0;
while(x[i]!='\0' && y[i]!='\0')
    if(x[i]==y[i])    printf("%c",【 】);
    else i++;
```

A）x[i++]   B）y[++i]   C）x[i]   D）y[i]

【题 6.39】下面描述正确的是_____。

A）两个字符串所包含的字符个数相同时,才能比较字符串

B）字符个数多的字符串比字符个数少的字符串大

C）字符串"STOP "与 "STOP"相等

D）字符串"That"小于字符串"The"

【题 6.40】以下描述中错误的是_____。

A）字符数组中可以存放 ASCII 字符集中的任何字符

B）字符数组的字符串可以整体输入、输出

C）字符数组中只能存放键盘上可以找到的字符

D）不可以用关系运算符对字符数组中的字符串进行比较

【题 6.41】有已排好序的字符串 a,下面的程序是将字符串 s 中的每个字符按 a 中元素的规律插入 a 中。请选择填空。

```
#include <stdio.h>
int main( )
{ char a[20]="cehiknqtw",s[ ]="fbla";
    int i,k,j;
    for(k=0;s[k]!='\0';k++)
    { j=0;
```

```
        while(s[k]>=a[j] && a[j]!='\0') j++;
        for(【1】) 【2】;
        a[j]=s[k];
    }
    puts(a);
    return 0;
}
```

【1】A) i=strlen(a)+k; i>=j; i--   B) i=strlen(a); i>=j; i--
   C) i=j; i<=strlen(a)+k; i++   D) i=j; i<=strlen(a); i++

【2】A) a[i]=a[i+1]   B) a[i+1]=a[i]
   C) a[i]=a[i-1]   D) a[i-1]=a[i]

【题 6.42】下面程序的功能是将已按升序排好序的两个字符串 a 和 b 中的字符按升序归并到字符串 c 中。请选择填空。

```
#include <stdio.h>
#include <string.h>
int main()
{ char a[]="acegikm",b[]="bdfhjlnpq";
  char c[80];
  int i=0,j=0,k=0;
  while(a[i]!='\0'&&b[j]!='\0')
  { if(a[i]<b[j]){ 【1】 }
    else { 【2】 }
    k++;
  }
  c[k]='\0';
  if( 【3】 ) strcat(c,&b[j]);
  else strcat(c,&a[i]);
  puts(c);
  return 0;
}
```

【1】A) c[k]=a[i];i++;   B) c[k]=b[j];i++;
   C) c[k]=a[i];j++;   D) c[k]=b[j];j++;

【2】A) c[k]=a[i];i++;   B) c[k]=b[j];i++;
   C) c[k]=a[i];j++;   D) c[k]=b[j];j++;

【3】A) a[i]=='\0'   B) a[i]!='\0'
   C) a[i-1]=='\0'   D) a[i-1]!='\0'

【题 6.43】下面程序的功能是将字符串 s 中所有的小写字母 c 删除。请选择填空。

```
#include <stdio.h>
int main()
{ char s[80]; int i,j;
```

```
        gets(s);
        for(i=j=0; s[i]!='\0'; i++)
            if(s[i]!='c')  【 】 ;
        s[j]='\0';
        puts(s);
        return 0;
    }
```

A) s[j++]=s[i]   B) s[++j]=s[i]

C) s[j]=s[i]; j++   D) s[j]=s[i]

【题6.44】 下面程序的功能是从键盘输入一行字符,统计其中有多少个单词,单词之间用空格分隔。请选择填空。

```
#include <stdio.h>
int main( )
{  char s[80],c1,c2=' '; int i=0,num=0;
   gets(s);
   while(s[i]!='\0')
   {  c1=s[i];
      if(i==0) c2=' ';
      else c2=s[i-1];
      if(【 】) num++;
      i++;
   }
   printf("There are %d words.\n",num);
   return 0;
}
```

A) c1==' ' && c2==' '   B) c1!=' ' && c2==' '

C) c1==' ' && c2!=' '   D) c1!=' ' && c2!=' '

【题6.45】 下面程序的运行结果是_____。

```
#include <stdio.h>
int main( )
{  char ch[7]={"12ab56"}; int i,s=0;
   for(i=0;ch[i]>='0' && ch[i]<='9';i+=2)
      s=10*s+ch[i]-'0';
   printf("%d\n",s);
   return 0;
}
```

A) 1   B) 1256   C) 12ab56   D) 15

【题6.46】 当运行以下程序时,从键盘输入:

```
aa bb<回车>
cc dd<回车>
```

则下面程序的运行结果是_____。

```c
#include <stdio.h>
int main()
{  char a1[5],a2[5],a3[5],a4[5];
   scanf("%s%s",a1,a2);
   gets(a3); gets(a4);
   puts(a1); puts(a2);
   puts(a3); puts(a4);
   return 0;
}
```

A) aa   B) aa   C) aa   D) aa bb
   bb   bb   bb   cc
                  cc   cc dd   dd
   cc dd   dd   ee

【题 6.47】以下程序段的功能是_____。

```c
char a[50];  int i=0;
gets(a);
while(a[i++]);
printf("%d",i-1);
```

A) 求字符数组所占的字节数

B) 求字符串的长度

C) 输出字符串中最后一个有效元素的下标

D) 程序代码有错

【题 6.48】当运行以下程序时，从键盘输入：AhaMA Aha<回车>，则下面程序的运行结果是_____。

```c
#include <stdio.h>
int main()
{  char s[80], c='a'; int i=0;
   scanf("%s",s);
   while(s[i]!='\0')
   {  if(s[i]==c) s[i]=s[i]-32;
      else if(s[i]==c-32) s[i]=s[i]+32;
      i++;
   }
   puts(s);
   return 0;
}
```

A) ahAMa   B) AhAMa   C) AhAMa ahA   D) ahAMa ahA

【题 6.49】下面程序的运行结果是_____。

```c
#include <stdio.h>
```

```
#include <string.h>
int main()
{ char a[80]="AB", b[80]="LMNP"; int i=0;
  strcat(a,b);
  while(a[i++]!='\0') b[i]=a[i];
  puts(b);
  return 0;
}
```

A) LB   B) ABLMNP C) AB   D) LBLMNP

【题 6.50】下面程序的运行结果是_____。

```
#include <stdio.h>
int main()
{ char str[]="SSSWLIA",c; int k;
  for(k=2;(c=str[k])!='\0';k++)
  { switch(c)
    { case 'I':++k;break;
      case 'L':continue;
      default :putchar(c); continue;
    }
    putchar('*');
  }
  return 0;
}
```

A) SSW *   B) SW *   C) SW * A   D) SW

【题 6.51】下面程序的运行结果是_____。

```
#include <stdio.h>
int main()
{ char a[]="morning",t; int i,j=0;
  for (i=1;i<7;i++)
     if(a[j]<a[i]) j=i;
  t=a[j]; a[j]=a[7]; a[7]=a[j];
  puts(a);
  return 0;
}
```

A) mogninr B) mo   C) morning D) mornin

6.2 填　空　题

【题 6.52】若有定义 float a[3][5];,则 a 数组所含的数组元素个数是【1】,a 数组所占的字
节数是【2】。

【题 6.53】 在 C 语言中,二维数组元素在内存中的存放顺序是【 】。

【题 6.54】 若有定义：double x[3][5];,则 x 数组中行下标的下限为【1】,列下标的上限为【2】。

【题 6.55】 假设 M 为已经声明的符号常量,则定义一个具有 M×M 个元素的双精度型数组 a,且所有元素初值为 0 的形式是【 】。

【题 6.56】 若有定义：int a[3][4]={{1,2},{0},{4,6,8,10 }};,则初始化后,a[1][2]得到的初值是【1】,a[2][1]得到的初值是【2】。

【题 6.57】 若有以下输入,则下面程序段的运行结果是【 】。

```
7 10 5 4 6 7 9 8 3 2 4 6 12 2 -1<回车>
  int b[51],x,i,j=0,n=0;
  scanf("%d",&x);
  while(x >-1) { b[++n]=x; scanf("%d", &x );}
  for( i=1; i<=n; i++)
     if (b[i] %2==0) b[++j]=b[i];
  for( i=1; i<=j; i++) printf( "%3d ", b[i]); printf("\n");
```

【题 6.58】 下面程序的功能是求 500 以内最大的 10 个素数存在 a 数组中并输出,要求每行输出 5 个数据。请填空。

```
#include <stdio.h>
#include <math.h>
int main( )
{  int i,n,t,m=0,a[10];
   for(n=499;n>=100;n--)
   {   t=(int)sqrt((double)n);
      for(i=2;i<=t;i++)
          if(n%i==0)  break;
      if(i>t)
      {  【1】
         if(m==10)  break;
      }
   }
   for(i=0;i<m;i++)
   {  printf("%d ",a[i]);
      if(【2】)  【3】
   }
   return 0;
}
```

【题 6.59】 下面程序将二维数组 a 的行和列元素互换后存到另一个二维数组 b 中。请填空。

```
#include <stdio.h>
int main( )
```

```
{   int a[2][3]={{1,2,3},{4,5,6}};
    int b[3][2],i,j;
    printf("array a:\n");
    for(i=0;i<=1;i++)
    {   for(j=0; j<=【1】; j++)
        {   printf("%5d",a[i][j]);
            【2】;
        }
        printf("\n");
    }
    printf("array b:\n");
    for(i=0; i<【3】; i++)
    {   for(j=0; j<=1; j++)
            printf("%5d",b[i][j]);
        printf("\n");
    }
    return 0;
}
```

【题 6.60】下面程序段的运行结果是【 】。

```
int x[5],i;
x[0]=1; x[1]=2;
for(i=2; i<5; i++) x[i]=x[i-1]+x[i-2];
for(i=2; i<5; i++) printf("%d ",x[i]);
```

【题 6.61】下面程序的功能是求矩阵 a 的两条对角线上的元素之和。请填空。

```
#include <stdio.h>
int main()
{   int a[3][3]={1,3,6,7,9,11,14,15,17},s1=0,s2=0,i,j;
    for( i=0; i<3; i++)
        for( j=0; j<3; j++)
            if( i==j ) s1=s1+a[i][j];
    for( i=0; i<3; i++)
        for (【1】; 【2】; j--)
            if ((i+j)==2) s2=s2+a[i][j];
    printf("s1=%d,s2=%d\n",s1,s2);
    return 0;
}
```

【题 6.62】下面程序的运行结果是【 】。

```
#include <stdio.h>
int main()
{   int a[5][5], i, j, n=1;
    for( i=0; i<5; i++)
```

```
        for( j=0; j<5; j++)
           a[i][j]=n++;
      printf("The result is :\n");
      for( i=0; i<5; i++)
      {  for ( j=0; j<=i; j++)
            printf ("%d   ",a[i][j]);
         printf("\n");
      }
      return 0;
   }
```

【题 6.63】下面程序段的运行结果是【 】。

```
int a[5]={3,6,10,13,7},i=1;
while(a[i]<=10)    a[i++]*=2;
for(i=0;i<5;i++)   printf("%d ",a[i]);
```

【题 6.64】以下程序的功能是求 1000 以内的水仙花数。(提示：所谓水仙花数是指一个 3
位正整数，其各位数字的立方之和等于该正整数。例如：407＝4×4×4＋0×
0×0＋7×7×7，故 407 是一个水仙花数。)请填空。

```
#include <stdio.h>
int main()
{  int x,y,z,a[8],m,i=0;
   printf("The special numbers are:\n");
   for (【1】; m++)
   {  x=m/100;
      y=【2】;
      z=m%10;
      if(x*100+y*10+z==x*x*x+y*y*y+z*z*z)
      {【3】; i++; }
   }
   for(x=0;x<i;x++)
     printf("%6d",a[x]);
   return 0;
}
```

【题 6.65】下面程序的功能是生成并打印某数列的前 20 项，该数列第 1、2 项分别为 0
和 1，以后每个奇数编号的项是前两项之和，偶数编号的项是前两项差的绝
对值。生成的 20 个数存放在一维数组 x 中，并按每行 4 项的形式输出。请
填空。

```
#include <stdio.h>
#include <math.h>
int main()
{  int x[21],i=3;
```

```
        x[1]=0；x[2]=1;
        do
        {  x[i]=【1】;
           x[i+1]=【2】;
           i=【3】;
        } while (i<=20);
        for (i=1;i<=20;i++)
        {  printf("%5d",x[i]);
           if(i%4==0)   printf("\n");
        }
        return 0;
     }
```

【题 6.66】若有以下输入，则下面程序的运行结果是【 】。

```
1 4 2 3 3 4 1 2 3 3 2 2 2 3 3 1 1 1 4 1 1 1 -1<回车>
#include <stdio.h>
#define    M    50
int main( )
{  int a[M], c[5], i, n=0, x;
   printf("Enter 0 or 1 or 2 or 3 or 4, to end with -1\n");
   scanf("%d",&x);
   while( x!=-1)
   {  if( x>=0 && x<=4)
      { a[n]=x; n++; }
      scanf("%d",&x);
   }
   for( i=0;i<5;i++)   c[i]=0;
   for( i=0;i<n;i++)   c[a[i]]++;
   printf("The result is :\n");
   for( i=1;i<=4;i++) printf("%d:%d\n",i,c[i]);
   return 0;
}
```

【题 6.67】下面程序的运行结果是【 】。

```
#include <stdio.h>
int main( )
{  int a[10]={ 7,3,5,2,9,1,0,6,8,4 },i=0,j=9,t;
   while( i<j )
   { t=a[i];   a[i]=a[j]; a[j]=t;
     i+=2;   j-=2;
   }
   for( i=0;i<10;i+=2 ) printf("%d ",a[i]);
   return 0;
}
```

【题 6.68】数组 a 包括 10 个整型元素。下面程序的功能是求 a 中各相邻两个元素的和，并将这些和存在数组 b 中，按每行 3 个元素的形式输出。请填空。

```
#include <stdio.h>
int main( )
{  int a[10],b[10],i;
   for(i=0;i<10;i++)
     scanf("%d",&a[i]);
   for(【1】; i<10; i++)
      【2】
   for(i=1;i<10;i++)
   {  printf("%3d",b[i]);
     if(【3】==0) printf("\n");
   }
   return 0;
}
```

【题 6.69】下面程序将十进制整数转换成八进制。请填空。

```
#include <stdio.h>
int main( )
{  int i=0, n, j, num[20];
   printf("Enter data that will be converted\n");
   scanf("%d",&n);
   do
   {  i++;
      num[i]=n【1】8;
      n=n【2】8;
   } while(n!=0);
   for(【3】)
      printf("%d",num[j]);
   return 0;
}
```

【题 6.70】下面程序的功能是输入 5 个整数，找出最大数和最小数所在的位置，并把二者对调，然后输出调整后的 5 个数。请填空。

```
#include <stdio.h>
int main( )
{  int a[5],max,min,i,j=0,k=0;
   for(i=0;i<5;i++)
     scanf("%d",&a[i]);
   min=a[0];
   for(i=1;i<5;i++)
     if(a[i]<min) {min=a[i]; 【1】;}
   max=a[0];
```

```
        for(i=1;i<5;i++)
            if(a[i]>max) {max=a[i]; 【2】;}
        printf("\nThe position of min is:%3d\n",k);
        printf("The position of max is:%3d\n",j);
        【3】
        for(i=0;i<5;i++)
            printf("%5d",a[i]);
        return 0;
    }
```

【题 6.71】下面程序段的运行结果是【 】。

```
        int i,f[10];
        f[0]=f[1]=1;
        for(i=2;i<10;i++)
            f[i]=f[i-2]+f[i-1];
        for(i=0;i<10;i++)
        {  if(i%4==0) printf("\n");
            printf("%3d",f[i]);
        }
```

【题 6.72】下面程序的运行结果是【 】。

```
        #include <stdio.h>
        int main()
        {   int a[10]={1,2,2,3,4,3,4,5,1,5};
            int n=0,i,j,c,k;
            for(i=0;i<10-n;i++)
            {   c=a[i];
                for(j=i+1;j<10-n;j++)
                    if(a[j]==c)
                    {  for(k=j;k<10-n;k++)
                            a[k]=a[k+1];
                        n++;
                    }
            }
            for(i=0;i<(10-n);i++)
                printf("%d ",a[i]);
            return 0;
        }
```

【题 6.73】下面程序的功能是给一维数组 a 输入 6 个任意整数,假设为:

7 4 8 9 1 5

然后建立一个具有以下内容的方阵并打印。请填空。

```
5 7 4 8 9 1
1 5 7 4 8 9
9 1 5 7 4 8
8 9 1 5 7 4
4 8 9 1 5 7
7 4 8 9 1 5
```

```c
#include <stdio.h>
int main()
{   int a[6],i,j,k,m;
    for(i=0;i<6;i++)
        scanf("%d",&a[i]);
    for(i=5;i>=0;i--)
    {   k=a[5];
        for(【1】; j>=0; j--)
            a[j+1]=a[j];
        【2】;
        for(m=0;m<6;m++)
            printf("%d ",a[m]);
        printf("\n");
    }
    return 0;
}
```

【题 6.74】 下面程序的功能是输出以下 9 阶方阵。请填空。

```
1 1 1 1 1 1 1 1 1
1 2 2 2 2 2 2 2 1
1 2 3 3 3 3 3 2 1
1 2 3 4 4 4 3 2 1
1 2 3 4 5 4 3 2 1
1 2 3 4 4 4 3 2 1
1 2 3 3 3 3 3 2 1
1 2 2 2 2 2 2 2 1
1 1 1 1 1 1 1 1 1
```

```c
#include <stdio.h>
int main()
{   int a[10][10], n, i, j, m;
    scanf("%d",&n);
    if(n%2==0) m=n/2;
    else【1】;
    for(i=0;i<m;i++)
        for(j=i;j<n-i;j++)
```

```
        {   a[i][j]=i+1;
            a[【2】][j]=i+1;
            a[j][i]=i+1;
            a[j][【3】]=i+1;
        }
        for(i=0;i<n;i++)
        {   for(j=0;j<n;j++)
                printf("%d ",a[i][j]);
            printf("\n");
        }
        return 0;
}
```

【题 6.75】当从键盘输入 18 时,下面程序的运行结果是【 】。

```
#include <stdio.h>
int main()
{   int x,y,i,a[8],j,u;
    scanf("%d",&x);
    y=x; i=0;
    do
    {   u=y/2;
        a[i]=y%2;
        i++; y=u;
    } while(y>=1);
    for(j=i-1;j>=0;j--)
        printf("%d",a[j]);
    return 0;
}
```

【题 6.76】下面程序的功能是将二维数组 a 中的每个元素向右移一列,最右一列换到最左一列,移后的数组存到另一个二维数组 b 中,并按矩阵形式输出 a 和 b。请填空。

例如,数组 a:　　　　数组 b:

$$\begin{bmatrix} 4 & 5 & 6 \\ 1 & 2 & 3 \end{bmatrix} \qquad \begin{bmatrix} 6 & 4 & 5 \\ 3 & 1 & 2 \end{bmatrix}$$

```
#include <stdio.h>
int main()
{   int a[2][3]={4,5,6,1,2,3}, b[2][3];
    int i,j;
    printf("array a:\n");
    for(i=0;i<=1;i++)
    {   for(j=0;j<3;j++)
        {   printf("%5d",a[i][j]);
            【1】;
```

```
        }
        printf("\n");
    }
    for(【2】;i++) b[i][0]=a[i][2];
    printf("array b:\n");
    for(i=0;i<2;i++)
    {   for(j=0;j<3;j++)
            printf("%5d",b[i][j]);
        【3】;
    }
    return 0;
}
```

【题 6.77】下面程序的功能是统计年龄范围为 $16\sim31$ 岁的学生人数。请填空。

```
#include <stdio.h>
int main( )
{   int a[30], n, age, i ;
    for(i=0;i<30;i++) a[i]=0;
    printf("Enter the number of the students(<30)\n");
    scanf("%d",&n);
    printf("Enter the age of each student:\n");
    for(i=0;i<n;i++)
    {   scanf("%d",&age);【1】; }
    printf("the result is\n");
    printf(" age number\n");
    for(【2】i++)
        printf("%3d   %6d\n",i,a[i-16]);
    return 0;
}
```

【题 6.78】下面程序的功能是检查一个二维数组是否对称(即对所有 i、j,都有 a[i][j]＝a[j][i])。请填空。

```
#include <stdio.h>
int main( )
{   int a[4][4]={1,2,3,4,2,2,5,6,3,5,3,7,4,6,7,4};
    int i,j,found=0;
    for(j=0;j<4;j++)
        for(【1】; i<4;i++)
            if(a[j][i]!=a[i][j])
                {【2】; break; }
    if(found==1) printf("No");
    else printf("Yes");
    return 0;
}
```

【题 6.79】下面程序中的数组 a 包括 10 个整型元素,从 a 中第二个元素起,分别将后项减前项之差存入数组 b,并按每行 3 个元素的形式输出数组 b。请填空。

```
#include <stdio.h>
int main()
{  int a[10], b[10], i;
   for(i=0;【1】;i++)
      scanf("%d",&a[i]);
   for(i=1;【2】;i++)
      b[i]=a[i]-a[i-1];
   for(i=1;i<10;i++)
   {  printf("%3d",b[i]);
      if(【3】) printf("\n");
   }
   return 0;
}
```

【题 6.80】下面程序的运行结果是【 】。

```
#include <stdio.h>
int main()
{  int i=1,n=3,j , k=3, a[5]={1,4,5};
   while(i<=n && k>a[i]) i++;
   for(j=n-1;j>=i;j--)
      a[j+1]=a[j];
   a[i]=k;
   for(i=0;i<=n;i++)  printf("%3d",a[i]);
   return 0;
}
```

【题 6.81】下面程序的运行结果是【 】。

```
#include <stdio.h>
int main()
{  int num_list[ ]={6,7,8,9},k,j,b,u=0,m=4,w;
   w=m-1;
   while(u<=w)
   {  j=num_list[u];
      k=2; b=1;
      while(k<=j/2 && b)
      {  ++k; b=j%k; }
      if(b)
      {  printf("%d\n",num_list[u]); u++; }
      else
      {  num_list[u]=num_list[w];
         num_list[w]=j; w--;
```

```
        }
    }
    return 0;
}
```

【题 6.82】设数组 a 中的元素均为正整数,以下程序是求 a 中偶数的个数和偶数的平均
值。请填空。

```
#include <stdio.h>
int main()
{   int a[10]={1,2,3,4,5,6,7,8,9,10};
    int k,s,i;
    float ave;
    for(k=s=i=0;i<10;i++)
    {   if(a[i]%2 !=0) 【1】;
        s+=【2】;
        k++;
    }
    if( k!=0 )
    { ave=(float)s/k;printf("%d,%f\n",k,ave); }
    return 0;
}
```

【题 6.83】以下程序是将矩阵 a、b 的和存入矩阵 c 中,并按矩阵形式输出。请填空。

```
#include <stdio.h>
int main()
{   int a[3][4]={{3,-2,7,5},{1,0,4,-3},{6,8,0,2}};
    int b[3][4]={{-2,0,1,4},{5,-1,7,6},{6,8,0,2}};
    int i, j, c[3][4];
    for(i=0;i<3;i++)
        for(j=0;j<4;j++)   c[i][j]=【1】;
    for(i=0;i<3;i++)
    {   for(j=0;j<4;j++)   printf("%3d",c[i][j]);
        【2】;
    }
    return 0;
}
```

【题 6.84】以下程序是将矩阵 a、b 的乘积存入矩阵 c 中,并按矩阵形式输出。请填空。

```
#include <stdio.h>
int main()
{   int a[3][2]={2,-1,-4,0,3,1}, b[2][2]={7,-9,-8,10};
    int i,j,k,s,c[3][2];
    for(i=0;i<3;i++)
        for(j=0;j<2;j++)
```

```
    {  for(【1】; k<2; k++)
          s += 【2】;
       c[i][j]=s;
    }
  for(i=0;i<3;i++)
  {  for(j=0;j<2;j++)  printf("%6d",c[i][j]);
     【3】
  }
  return 0;
}
```

【题 6.85】 已知以下矩阵：

$$A = \begin{bmatrix} 1 & -0.2 & 0 & 0 \\ -0.8 & 1 & -0.2 & -0.2 \\ 0 & -0.8 & 1 & -0.2 \\ 0 & -0.8 & -0.8 & 1 \end{bmatrix} \qquad B = \begin{bmatrix} B_1 \\ B_2 \\ B_3 \\ B_4 \end{bmatrix}$$

其中，矩阵 B 的各行元素值是矩阵 A 的相应行所有元素之和。下面程序的功能是求出矩阵 B 的值。请填空。

```
#include <stdio.h>
int main()
{  float a[4][4]={{1,-0.2,0,0},
                  {-0.8,1,-0.2,-0.2},
                  {0,-0.8,1,-0.2},
                  {0,-0.8,-0.8,1}};
   float b[4]; int i, j, k;
   for(i=0;i<4;i++)
   {  b[i]=0;
      for(j=0;j<4;j++)
         【1】
   }
   for(k=0;k<4;k++)
      printf("\n b[%d]=%-6.2f", k+1,【2】);
   return 0;
}
```

【题 6.86】 以下程序段的功能是求数组 num 中小于零的数据之和。请填空。

```
int num[20]={10,20,1,-20,203,-21,2,-2,-2,11,-21,
             22,12,-2,-234,-90,22,90,-45,20};
int  sum=0, i;
for( i=0 ; i<=19 ; i++)
   if (【1】)
      sum=【2】;
printf("sum=%6d", sum);
```

【题 6.87】 以下程序段的功能是【1】,运行后输出结果是【2】。

```
int num[10]={103,1,-20,-203,-21,2,-2,-2,13,-21};
int sum=0, i;
for( i=0 ; i<10 ; i++)
    if( num[i]>0&& num[i]%10==3 )
        sum=num[i]+sum;
printf("sum=%6d ", sum );
```

【题 6.88】 下面程序的运行结果是【 】。

```
#include <stdio.h>
int main( )
{   int i, j, row, col, min;
    int a[3][4]={ { 1,2,3,4},{9,8,7,6},{-1,-2,0,5}};
    min=a[0][0];
    for( i=0; i<3; i++)
        for( j=0; j<4; j++)
            if( a[i][j] <min )
            { min=a[i][j]; row=i; col=j; }
    printf( "min=%d, row=%d, col=%d\n",min,row,col);
    return 0;
}
```

【题 6.89】 运行程序时若输入"52<回车>",则下面程序的运行结果是【 】。

```
#include <stdio.h>
int main( )
{   int a[8]={6,12,18,42,44,52,67,94};
    int low=0,mid,high=7,found=0,x;
    scanf("%d",&x);
    while((low<=high)&&(found==0))
    {   mid=(low+high)/2;
        if(x>a[mid]) low=mid+1;
        else if(x<a[mid]) high=mid-1;
        else   { found=1; break; }
    }
    if(found==1)
        printf("Search Successful!The index is:%d\n",mid);
    else printf("Can't search !\n");
    return 0;
}
```

【题 6.90】 下面程序的运行结果是【 】。

```
#include <stdio.h>
int main( )
{   int a[9]={0,6,12,18,42,44,52,67,94};
```

```
int x=52, i, n=9,m;
i=n/2+1;
m=n/2;
while(m!=0)
    if(x<a[i])
    {   i=i-m/2-1; m=m/2; }
    else if(x>a[i])
    {   i=i+m/2+1; m=m/2; }
    else break;
printf("The index is: %d\n",i);
return 0;
}
```

【题 6.91】下面程序用"顺序查找法"查找数组 a 中与 x 相等的第一个数。请填空。

```
#include<stdio.h>
int main()
{   int a[8]={25,57,48,37,12,92,86,33},i,x;
    scanf("%d",&x);
    for(i=0;i<8;i++)
        if(x==a[i])
        {   printf("Found!The index is :%d\n",i);【1】; }
    if(【2】)
        printf("Can't found !");
    return 0;
}
```

【题 6.92】下面程序用"快速顺序查找法"判断数组 a 中是否存在某一数。请填空。

```
#include<stdio.h>
int main()
{   int a[9]={25,57,48,37,12,92,86,33}, i,x;
    scanf("%d",&x);
    【1】; i=0;
    while(a[i]!=x) i++;
    if(【2】) printf("Found! The index is :%d\n", i);
    else printf("Can't found!\n");
    return 0;
}
```

【题 6.93】下面程序用插入法对数组 a 进行降序排序。请填空。

```
#include<stdio.h>
int main()
{   int a[5]={4,7,2,5,1},i,j,m;
    for(i=1;i<5;i++)
    {   m=a[i];
```

```
        j=【1】;
        while(j>=0 && m>a[j])
        { 【2】; j--; }
        【3】=m;
    }
    for ( i=0; i<5; i++)  printf("%d  ",a[i]);
    return 0;
}
```

【题 6.94】下面程序用"两路合并法"把两个已按升序排列的数组合并成一个升序数组。
请填空。

```
#include <stdio.h>
int main( )
{   int a[3]={5,9,19};
    int b[5]={12,24,26,37,48};
    int c[10],i=0,j=0,k=0;
    while(i<3 && j<5)
        if(【1】)
        { c[k]=b[j]; k++; j++; }
        else
        { c[k]=a[i]; k++; i++; }
    while(【2】)
    { c[k]=a[i]; i++; k++; }
    while (【3】)
    { c[k]=b[j]; k++; j++; }
    for(i=0; i<k;i++)  printf("%3d",c[i]);
    return 0;
}
```

【题 6.95】下面程序段的运行结果是【 】。

```
int a[5][5],i,j,n=1,s=0;
for(i=0;i<5;i++)
    for(j=0;j<5;j++)
        a[i][j]=n++;
for(i=0;i<5;i++)
{ s+=a[0][i];  s+=a[i][4];  }
printf("%d\n",s-a[0][4]);
```

【题 6.96】下面程序段的运行结果是【 】。

```
int a[6],i,f=1;
for( i=1;i<=5;i++)
{  f=f*i; a[i]=f; }
for( i=1;i<=5;i+=2 )
    printf("%d ",a[i]);
```

【题 6.97】 下面程序的运行结果是【 】。

```c
#include <stdio.h>
int main()
{   int a[10]={1,2,3,4,5,6,7,8,9,10},i,k;
    k=a[8];
    for(i=8;i>=3;i--)
       a[i+1]=a[i];
    a[3]=k;
    for(i=0;i<10;i+=2)  printf("%d ",a[i]);
    return 0;
}
```

【题 6.98】 下面程序段的运行结果是【 】。

```c
int a[10]={1,2,3,4,5,6,7,8,9,10},i,k;
for(i=9;i>=2;i--)
    a[i]=a[i-2];
for(i=0;i<10;i++)  printf("%d ",a[i]);
```

【题 6.99】 运行程序时若输入"32 25 20 23 35 52 87 22 48 30 0＜回车＞",则下面程序的运行结果是【 】。

```c
#include <stdio.h>
int main()
{   int  a[4]={0}, x, i;
    scanf("%d",&x);
    while( x!=0 )
    {   if( x%5==0) a[1]+=2;
        else if(x/10==2) a[2]+=x;
        else a[3]+=1;
        scanf("%d",&x);
    }
    for( i=1; i<=3; i++)   printf("%4d",a[i]);
    return 0;
}
```

【题 6.100】 若有以下输入,则下面程序的运行结果是【 】。

```
    5<回车>
    9 7 5 3 1<回车>
    5<回车>
#include <stdio.h>
#define M 10
int main()
{   int a[M],x,i,n;
    printf("Enter n (n<10):");scanf("%d",&n);
```

```
for(i=1;i<=n;i++) scanf("%d",a+i);
printf("Enter x:"); scanf("%d",&x);
a[0]=x;i=n;
while(x>a[i]) {a[i+1]=a[i];i--;}
a[i+1]=x;
n++;
for(i=1;i<=n;i++) printf("%3d",a[i]);
return 0;
}
```

【题 6.101】下面程序的运行结果是【 】。

```
#include <stdio.h>
#define  SIZE  30
int main()
{  float a[SIZE], b[SIZE/5], sum; int i,k;
   for( k=2,i=0; i<SIZE; i++)
   {  a[i]=k; k+=2; }
   sum=0;
   for( k=0,i=0; i<SIZE; i++)
   {  sum+=a[i];
      if(( i+1)%5==0)
      {  b[k]=sum/5;
         sum=0;
         k++;
      }
   }
   printf("The result is:\n");
   for(i=0;i<SIZE/5;i++)  printf("%5.2f",b[i]);
   return 0;
}
```

【题 6.102】下面程序的功能是求出矩阵 x 的上三角元素之积,其中矩阵 x 的行、列数和元素值均由键盘输入。请填空。

```
#include <stdio.h>
#define M 10
main()
{  int x[M][M],n,i,j;
   long s=1;
   printf("Enter an integer(<=10):\n");
   scanf("%d",&n);
   printf("Enter %d data on each line for the array x\n",n);
   for(【1】)
      for(j=0;j<n;j++)
         scanf("%d",&x[i][j]);
```

```
        for(i=0;i<n;i++)
            for(【2】)
                【3】
        printf("%ld\n",s);
        return 0;
    }
```

【题 6.103】 下面程序的运行结果是【　】。

```
#include <stdio.h>
int main()
{  int x=117,i=0; char a[5];
    do
    {  switch(x%16)
        {  case 10: a[i]='A'; break;
            case 11: a[i]='B'; break;
            case 12: a[i]='C'; break;
            case 13: a[i]='D'; break;
            case 14: a[i]='E'; break;
            case 15: a[i]='F'; break;
            default: a[i]='0'+x%16; break;
        }
        i++;
        x=x/16;
    } while(x!=0);
    for(x=i-1; x>=0; x--) printf("%c",a[x]);
    return 0;
}
```

【题 6.104】 字符串 "ab\n\\012\\\" " 的长度是【　】。

【题 6.105】 下面程序段的运行结果是【　】。

```
char a[10]="0",b[10]="abc",c[10]="xy";
printf("%s\n",strcat(strcpy(a,b+1),c));
```

【题 6.106】 下面程序段将输出 computer。请填空。

```
char c[ ]="It is a computer";
for(i=0;【1】;i++)
{  【2】  ;  printf("%c",c[j]);  }
```

【题 6.107】 下面程序段的运行结果是【　】。

```
char a[20]="p r o g r a m",b[20];
int i=0,t=0;
for(;a[i]!='\0';i+=2)
    if(a[i]!=' '&&a[i]!='r')
    {  b[t]=a[i]-32;  t++;  }
```

```
b[t]='\0';
puts(b);
```

【题 6.108】 下面程序的功能是在一个字符数组中查找一个指定的字符,若数组中含有该字符,则输出该字符在数组中第一次出现的位置(下标值);否则输出 -1。请填空。

```
#include <stdio.h>
#include <string.h>
int main( )
{  char c='a',t[50]; int n,k,j;
   gets(t);
   n=【1】;
   for(k=0;k<n;k++)
      if(  【2】  )   { j=k; break; }
      else j=-1;
   printf("%d",j);
   return 0;
}
```

【题 6.109】 下面程序的功能是在 3 个字符串中找出最小的。请填空。

```
#include <stdio.h>
#include <string.h>
int main( )
{  char s[20], str[3][20]; int i;
   for(i=0; i<3; i++)    gets(str[i]);
   strcpy(s,(strcmp(str[0],str[1])<0?【1】));
   if(strcmp(str[2],s)<0)   strcpy(s,str[2]);
   printf("%s\n",【2】);
   return 0;
}
```

【题 6.110】 下面程序的功能是从键盘输入一个大写英文字母,要求按字母的顺序打印出 3 个相邻的字母,指定的字母在中间。若指定的字母为 Z,则打印 YZA;若为 A,则打印 ZAB。请填空。

```
#include <stdio.h>
int main( )
{  char a[3],c; int i;
   c=getchar( );
   a[1]=c;
   if(c=='Z')   { a[2]='A';【1】; }
   else if (c=='A') {a[0]='Z';【2】; }
   else { a[0]=c-1; a[2]=c+1;}
   for(i=0;i<3;i++)    putchar(a[i]);
```

```
        return 0;
    }
```

【题 6.111】下面程序段的功能是将字符数组 a 中存放的{'a','b','c','d','e','f'}变为{'f','a','b','c','d','e'}。请填空。

```
char t,a[6]={'a','b','c','d','e','f'}; int i;
【1】;
for(i=5; i>0; i--)
【2】;
a[0]=t;
for(i=0; i<=5; i++)    printf("%c",a[i]);
```

【题 6.112】下面程序段的功能是将字符串 a 中下标值为偶数的元素由小到大排序,其他元素不变。请填空。

```
char a[ ]="labchmfye",t; int i,j;
for(i=0;i<7;i+=2)
    for (j=i+2;j<9;【1】)
        if(【2】)
            { t=a[i]; a[i]=a[j]; a[j]=t; j++; }
puts(a);
```

【题 6.113】下面程序段的功能是在任意的字符串 a 中,将所有数字字符元素的下标值分别存放在整型数组 b 中。请填空。

```
char a[80];   int i,b[80],k=0;
gets(a);
for(i=0; a[i]!='\0'; i++)
    if( 【1】 )    { b[k]=i; 【2】  ; }
for(i=0;i<k;i++)   printf("%3d",b[i]);
```

【题 6.114】有 10 个字符串。下面程序的功能是在每个字符串中找出最大字符,并按一一对应的顺序放入一维数组 a 中,即第 i 个字符串中的最大字符放入 a[i]中,输出每个字符串中的最大字符。请填空。

```
#include <stdio.h>
int main()
{   char a[10],s[10][20]; int i,j;
    for(i=0; i<10; i++)     gets(s[i]);
    for(i=0; i<10; i++)
    {   【1】;
        for(j=1; s[i][j]!='\0'; j++)
            if(a[i]<s[i][j]) 【2】  ;
    }
    for(i=0;i<10;i++)    printf(" %d %c",i,a[i]);
    return 0;
}
```

【题 6.115】 下面程序的功能是根据 a 字符串中的内容进行打字练习,练习输入的字符存放在字符数组 b 中,逐一判断 b 中输入的字符与 a 中的字符是否相同。如果相同,则累加正确字符个数,并输出打字的正确率(以小数形式输出)。请填空。

```c
#include <stdio.h>
#include <string.h>
int main( )
{  char a[100]="Never put off what you can do today until tomorrow.";
   char b[100];int i=0,n,t=0;
   puts(a);
   gets(b);
   n=strlen(a);
   while(【1】)
   {  if(a[i]==b[i]) t++;
      i++;
   }
   printf("correct rate: %lf\n",【2】);
   return 0;
}
```

【题 6.116】 下面程序的运行结果是【 】。

```c
#include <stdio.h>
int main( )
{  char a[2][6]={"Sun","Moon"}; int i,j,len[2];
   for(i=0; i<2; i++)
   {  for (j=0; j<6; j++)
          if(a[i][j]=='\0')
          { len[i]=j;  break;    }
      printf("%6s:%d\n",a[i],len[i]);
   }
   return 0;
}
```

【题 6.117】 下面程序的运行结果是【 】。

```c
#include <stdio.h>
int main( )
{  int i,r;
   char s1[80]="bus", s2[80]="book";
   for(i=r=0;s1[i]!='\0'&&s2[i]!='\0';i++)
      if(s1[i]==s2[i]) i++;
      else   { r=s1[i]-s2[i]; break; }
   printf("%d",r);
   return 0;
}
```

【题 6.118】 下面程序的运行结果是【　】。

```
#include <stdio.h>
#define LEN 4
int main()
{   int j,c;
    char n[2][LEN+1]={"8980","9198"};
    for(j=LEN-1; j>=0; j--)
    {   c=n[0][j]+n[1][j]-2*'0';
        n[0][j]=c%10+'0';
    }
    for(j=0; j<=1; j++)    puts(n[j]);
    return 0;
}
```

【题 6.119】 下面程序段的运行结果是【　】。

```
int i=5; char c[6]="abcd";
do {c[i]=c[i-1];   } while(--i>0);
puts(c);
```

【题 6.120】 当运行以下程序时，从键盘输入"AabD＜回车＞"，则下面程序的运行结果是【　】。

```
#include <stdio.h>
int main()
{   char s[80]; int i=0;
    gets(s);
    while(s[i]!='\0')
    {   if(s[i]<='z'&&s[i]>='a')
            s[i]='z'+'a'-s[i];
        i++;
    }
    puts(s);
    return 0;
}
```

【题 6.121】 下面程序的运行结果是【　】。

```
#include <stdio.h>
int main()
{   char s[]="ABCCDA"; int k; char c;
    for(k=1; (c=s[k])!='\0'; k++)
    {   switch(c)
        {   case 'A':putchar('%');continue;
            case 'B':++k;break;
            default:putchar('*');
```

```
        case 'C':putchar('&');continue;
    }
    putchar('#');
}
return 0;
}
```

【题 6.122】下面程序的运行结果是【 】。

```
#include <stdio.h>
int main( )
{  int i=0;
   char a[ ]="abm",b[ ]="aqid",c[10] ;
   while(a[i]!='\0' && b[i]!='\0')
   {  if(a[i]>=b[i])   c[i]=a[i]-32;
      else   c[i]=b[i]-32;
      ++i;
   }
   c[i]='\0';
   puts(c);
   return 0;
}
```

【题 6.123】当运行以下程序时，从键盘输入：BOOK<回车>
                              CUT<回车>
                              GAME<回车>
                              PAGE<回车>

则下面程序的运行结果是【 】。

```
#include <stdio.h>
#include <string.h>
int main( )
{  int i;
   char str[10],temp[10]="Control";
   for(i=0; i<4; i++)
   {  gets(str);
      if(strcmp(temp,str)<0) strcpy(temp,str);
   }
   puts(temp);
   return 0;
}
```

【题 6.124】当运行以下程序时，从键盘输入：one<回车>
                              two<回车>
                              three<回车>

则下面程序的运行结果是【 】。

```c
#include <stdio.h>
#include <string.h>
int main()
{ char a[5][20],max;
  int i,j,m=0,n=0,len;
  for(i=0;i<5;i++)    gets(a[i]);
  max=a[0][0];
  for(i=0;i<5;i++)
  { len=strlen(a[i]);
     for (j=0;j<len;j++)
         if(a[i][j]>max)  { max=a[i][j];  m=i;  n=j;  }
  }
  printf("%c %d %d\n",max,m,n);
  return 0;
}
```

6.3　编　程　题

【题6.125】从键盘输入若干整数（数据个数应少于50），其值范围为0～4，用－1作为输入结束的标志；统计同一整数的个数。试编程。

【题6.126】定义一个4行5列的二维数组a，并依次输入数组元素值，将第2列和第4列的数据对调，输出原数组及第2、第4列对调后的数组元素。试编程。

【题6.127】某竞赛活动中，有13位评委对选手进行打分，从键盘输入13位评委的打分数据，存放在数组a中（数据类型假设为double），计算选手的最终得分，选手最终得分的计算规则为去掉一个最高分和一个最低分，剩余分数的平均值即为选手的最终得分。试编程。

【题6.128】通过赋初值按行顺序给2×3的二维数组赋予2、4、6、⋯偶数，然后按列的顺序输出该数组。试编程。

【题6.129】通过循环按行顺序为一个5×5的二维数组a赋1～25的自然数，然后输出该数组的左下三角。试编程。

【题6.130】下面是一个5阶的螺旋方阵。试编程打印出此形式的n(n<10)阶的方阵（顺时针方向旋进）。

```
1    2    3    4    5
16   17   18   19   6
15   24   25   20   7
14   23   22   21   8
13   12   11   10   9
```

【题 6.131】数组 a 包括 10 个整数,把 a 中所有的后项除以前项之商取整后存入数组 b,并按每行 3 个元素的格式输出数组 b。试编程。

【题 6.132】从键盘输入一个字符,用折半查找法找出该字符在已排序的字符串 a 中的位置。若该字符不在 a 中,则打印出 ** 。试编程。

【题 6.133】从键盘输入两个字符串 a 和 b,要求不用库函数 strcat 把串 b 的前 5 个字符连接到串 a 中;如果 b 的长度小于 5,则把 b 的所有元素都连接到 a 中。试编程。

【题 6.134】从键盘输入一个字符串 a,并在 a 串中的最大元素后边插入字符串 b(b[ ]="ab")。试编程。

第7章 函 数

7.1 选 择 题

【题7.1】以下程序的运行结果是_____。

```
#include <stdio.h>
int fun( int n)
{ int m=0,f=-1,i;
  for(i=1; i<=n; i++)
    { m=m+i*f;
      f=-f;
    }
  return m;
}
int main( )
{ printf("m=%d\n", fun(10));
  return 0;
}
```

A) m=5   B) m=-6   C) m=6   D) m=-5

【题7.2】C语言规定,简单变量作为实参时,它和对应形参之间的数据传递方式是_____。

A) 地址传递

B) 单向值传递

C) 由实参传给形参,再由形参传回给实参

D) 由用户指定传递方式

【题7.3】以下程序有语法性错误,有关错误原因的正确说法是_____。

```
#include <stdio.h>
int main( )
{   int G=5,k;
    void prt_char( );
    ...
    k=prt_char(G);
    ...
}
```

A) 语句 void prt_char( );有错,它是函数调用语句,不能用 void 说明

B）变量名不能使用大写字母

C）函数说明和函数调用语句之间有矛盾

D）函数名不能使用下画线

【题 7.4】 以下程序的运行结果是_____。

```
#include <stdio.h>
int fun(int a, int b)
{ if(a>b) return a+b;
  else return a-b;
}
int main( )
{ int x=3, y=8, z=6, r;
  r=fun(fun(x,y), 2 * z);
  printf("%d\n", r);
  return 0;
}
```

A）-16   B）-17   C）17   D）16

【题 7.5】 以下程序的运行结果是_____。

```
#include <stdio.h>
int f(int x, int y)
{   return (y-x) * x; }
int main( )
{   int a=3,b=4,c=5,d;
    d=f(f(a,c),f(a,b)+f(c,b));
    printf("%d\n",d);
    return 0;
}
```

A）-48   B）58   C）-58   D）47

【题 7.6】 以下程序的功能是计算函数 $F(x,y,z)=(x+y)/(x-y)+(z+y)/(z-y)$ 的值，请选择填空。

```
#include <stdio.h>
float f(float,float);
int main( )
{ float x,y,z,sum;
  scanf("%f%f%f",&x,&y,&z);
  sum=f(【1】)+f(【2】);
  printf("sum=%f\n",sum);
  return 0;
}
float f(float a,float b)
{ float value;
  value=a/b;
```

```
      return value;
   }
```

【1】A）x-y, x+y   B）x+y, x-y   C）z+y, z-y   D）z-y, z+y

【2】A）x-y, x+y   B）x+y, x-y   C）z+y, z-y   D）z-y, z+y

【题 7.7】 以下程序可选出能被 3 整除且至少有一位数是 5 的两位数，打印出所有这样的数及其个数。请选择填空。

```c
#include <stdio.h>
int sub(int k, int n)
{  int a1,a2;
   a2=【1】;
   a1=k-【2】;
   if((k%3==0 && a2==5) || (k%3==0 && a1==5))
   {  printf("%d ",k);
      n++;
      return n;
   }
   else return -1;
}
int main( )
{  int n=0,k,m;
   for(k=10;k<=99;k++)
   {  m=sub(k,n);
      if(m!=-1) n=m;
   }
   printf("\nn=%d",n);
   return 0;
}
```

【1】A）k * 10   B）k%10   C）k/10   D）k * 10%10

【2】A）a2 * 10   B）a2   C）a2/10   D）a2%10

【题 7.8】 以下是有关汉诺塔问题的程序段，若在 main 函数中有调用语句 hanoi(3,'A','B','C');，则符合程序段运行结果的选项是_____。

```c
void move(char getone, char putone)
{  printf("%c-->%c\n",getone,putone);
}

void hanoi(int n, char one, char two, char three)
{  if(n==1) move(one,three);
   else
   {  hanoi(n-1,one,three,two);
      move(one,three);
      hanoi(n-1,two,one,three);
```

```
        }
    }
```

A) A-->C	B) A-->C	C) A-->C	D) A-->C
A-->B	A-->B	A-->B	A-->B
C-->B	C-->B	C-->B	C-->B
B-->A	A-->B	A-->C	A-->C
C-->B	B-->C	B-->A	A-->B
A-->C	A-->C	B-->C	B-->C
A-->B	A-->B	A-->C	A-->C

【题 7.9】 若用数组名作为函数调用的实参,则传递给形参的是_____。

A) 数组的首地址

B) 数组第一个元素的值

C) 数组中全部元素的值

D) 数组元素的个数

【题 7.10】 折半查找法的思路是:先确定待查元素的范围,将其分成两半,然后测试位于中间点元素的值。如果该待查元素的值大于中间点元素,就缩小待查范围,只测试中点之后的元素;反之,测试中点之前的元素,测试方法同前。函数 binary 的作用是应用折半查找法从存有 10 个有序整数的 a 数组中对关键字 m 进行查找,若找到,返回其下标值;反之,返回 -1。请选择填空。

```
int binary(int a[10],int m)
{   int low=0,high=9,mid;
    while(low<=high)
    {   mid=(low+high)/2;
        if(m<a[mid])    【1】;
        else if(m>a[mid])  【2】;
        else return mid;
    }
    return -1;
}
```

【1】 A) high=mid-1　　　　　B) low=mid+1

　　 C) high=mid+1　　　　　D) low=mid-1

【2】 A) high=mid-1　　　　　B) low=mid+1

　　 C) high=mid+1　　　　　D) low=mid-1

【题 7.11】 以下程序的运行结果是_____。

```
#include <stdio.h>
#define MAX 10
void sub2();
void sub1();
void sub3(int a[]);
```

```
int a[MAX],i;
int main( )
{  printf("\n"); sub1( ); sub3(a); sub2( ); sub3(a);
   return 0;
}
void sub2( )
{  int a[MAX],i,max;
   max=5;
   for(i=0;i<max;i++) a[i]=i;
}
void sub1( )
{  for(i=0;i<MAX;i++) a[i]=i+i;
}
void sub3(int a[ ])
{  int i;
   for(i=0; i<MAX; i++) printf("%d ",a[i]);
   printf("\n");
}
```

A) 0 2 4 6 8 10 12 14 16 18
  0 1 2 3 4

B) 0 1 2 3 4
  0 2 4 6 8 10 12 14 16 18

C) 0 1 2 3 4 5 6 7 8 9
  0 1 2 3 4

D) 0 2 4 6 8 10 12 14 16 18
  0 2 4 6 8 10 12 14 16 18

【题 7.12】以下程序的运行结果是_____。

```
#include <stdio.h>
void num( )
{  extern int x,y; int a=15,b=10;
   x=a-b;
   y=a+b;
}
int x,y;
int main( )
{  int a=7,b=5;
   x=a+b;
   y=a-b;
   num( );
   printf("%d,%d\n",x,y);
   return 0;
}
```

A) 12,2   B) 不确定   C) 5,25   D) 1,12

【题 7.13】在一个 C 源程序文件中,若要定义一个只允许本源文件中所有函数使用的全局变量,则该变量需要使用的存储类别是_____。

A) extern   B) register

C) auto   D) static

【题 7.14】以下程序的运行结果是_____。

```
#include <stdio.h>
int f(int a);
int main()
{   int a=2,i;
    for(i=0; i<3; i++) printf("%4d",f(a));
    return 0;
}
int f(int a)
{   int b=0; static int c=3;
    b++; c++;
    return a+b+c;
}
```

A) 7   7   7

B) 7   10   13

C) 7   9   11

D) 7   8   9

【题 7.15】以下程序的运行结果是_____。

```
#include <stdio.h>
void fun(int x)
{   if(x/2>0) fun(x/2-2);
    printf("%d ",x);
}
int main()
{   fun(20);
    printf("\n");
    return 0;
}
```

A) 20 8 2 -1   B) 2 8 20   C) 8   D) -1 2 8 20

7.2 填 空 题

【题 7.16】为使以下程序顺利运行,请在【1】中填写正确的内容;当输入的数值为 5 7 时,该程序的运行结果是【2】。

```
#include <stdio.h>
```

【1】
```
int main( )
{   double x,y;
    scanf("%lf%lf",&x,&y);
    printf("%lf\n",max(y,x));
    return 0;
}
double max(double a,double b)
{   double i;
    i=a>b?b-a:a-b;
    return i;
}
```

【题 7.17】 以下函数 fun 的功能是：将输入的大写字母先转换为与其对应的小写字母，然后再转换成该小写字母后的第 3 个字母，返回后输出。例如，若输入的字母为 E，输出的字母则为 h；若输入的字母为 Y，输出的字母则为 b。请填空。

```
# include <stdio.h>
# include <ctype.h>
{   c=【1】;
    if(c>='a'&&c<='w') c=c+3;
    else if(c>='x'&&c<='z')【2】;
    return c;
}
int main( )
{   char c;
    c=getchar( );
    c=fun(c);
    putchar(c);
    return 0;
}
```

【题 7.18】 若输入的值是 -125，则以下程序的运行结果是【　】。

```
# include <stdio.h>
# include <math.h>
void fun(int n);
int main( )
{   int n;
    scanf("%d",&n);
    printf("%d=",n);
    if(n<0) printf("-");
    n=abs(n);
    fun(n);
    return 0;
```

```
}
void fun(int n)
{  int k,r;
   for(k=2; k<=sqrt(n); k++)
   {  r=n%k;
      while(r==0)
      {  printf("%d",k);
         n=n/k;
         if(n>1) printf(" * ");
         r=n%k;
      }
   }
   if(n!=1) printf("%d\n",n);
}
```

【题 7.19】下面 add 函数的功能是求两个参数的和,并将和值返回调用函数。函数中错误的部分是【1】,改正后为【2】。

```
void add(float a,float b)
{  float c;
   c=a+b;
   return c;
}
```

【题 7.20】以下函数 fun 的功能是：统计一个数中位值为 0 的个数,以及位值为 1 的个数。若输入 111001,则输出位值为 0 的个数为 2,位值为 1 的个数为 4,请填空。

```
#include <stdio.h>
void fun(long n)
{  int coun0=0,coun1=0,m;
   do
   {  m=【1】;
      if(m==0) coun0++;
      if(m==1) coun1++;
      n=【2】;
   }while(n);
   printf("coun0=%d,coun1=%d\n",coun0,coun1);
}
int main( )
{  long n;
   printf("\ninput n:\n "); scanf("%ld",&n); printf("n=%ld\n",n);
   fun(n);
   return 0;
}
```

【题 7.21】以下函数 fun 的功能是：将输入的一个偶数写成两个素数之和的形式。例如，若输入数值 8,则输出 8＝3＋5。请填空。

```
#include <stdio.h>
#include <math.h>
void fun(int a)
{   int b,c,d;
    for(b=3; b<=a/2; b=【1】)
    {   for(c=2; c<=sqrt(b); c++)   if(b%c==0)   break;
        if(c>sqrt(b))   d=【2】;
        else break;
        for(c=2; c<=sqrt(d); c++) if(d%c==0) break;
        if(c>sqrt(d)) printf("%d=%d+%d\n",a,b,d);
    }
}
int main()
{   int a;
    printf("\ninput a:\n "); scanf("%d",&a);
    fun(a);
    return 0;
}
```

【题 7.22】以下程序的运行结果是【 】。

```
#include <stdio.h>
int f(int x, int y)
{   int z;
    z=(x>y)?x:y;
    return z;
}
int main()
{   int i,c=0;
    for(i=0;i<3;i++)
    {   c=c+f(i,c);
        putchar('A'+c);
    }
    return 0;
}
```

【题 7.23】以下程序的功能是,根据输入的字母是 y(或 Y)还是 n(或 N),在屏幕上分别显示出 This is YES.与 This is NO.。请填空。

```
#include <stdio.h>
void YesNo(char ch)
{   switch(ch)
    {   case 'y':
```

```
            case 'Y': printf("\nThis is YES.\n");【1】;
            case 'n':
            case 'N': printf("\nThis is NO.\n");
    }
}
int main()
{   char ch;
    printf("\nEnter a char 'y','Y' or 'n','N':");
    ch=【2】;
    printf("ch: %c",ch);
    YesNo(ch);
    return 0;
}
```

【题 7.24】以下 Check 函数的功能是对 value 中的值进行四舍五入，若计算后的值与 ponse 值相等，则显示 WELL DONE!!，否则显示计算后的值。已有函数调用语句 Check(ponse,value);，请填空。

```
void Check(int ponse,float value)
{   int val;
    val=【1】;
    printf("The calculated value: %d",val);
    if(【2】)  printf("\nWELL DONE!!\n");
    else  printf("\nSorry the correct answer is %d\n",val);
}
```

【题 7.25】以下程序的运行结果是"output 153 370 371 407"，该程序的功能是【 】。

```
#include <stdio.h>
int f(int n)
{   int i,j,k;
    i=n/100; j=n/10-i*10; k=n%10;
    if( i*100+j*10+k==i*i*i+j*j*j+k*k*k) return n;
    else return 0;
}
int main()
{   int n,k;
    printf("output ");
    for(n=100; n<1000; n++)
    {   k=f(n);
        if(k!=0) printf("%d ",k);
    }
    printf("\n");
    return 0;
}
```

【题 7.26】 以下程序的功能是用二分法求方程 $2x^3-4x^2+3x-6=0$ 的根，并要求绝对误差不超过 0.001。请填空。

```c
#include <stdio.h>
float f(float x)
{ float i;
  i=2*x*x*x-4*x*x+3*x-6;
  return i;
}

int main()
{ float m=-100,n=90,r;
  r=(m+n)/2;
  while(f(r)*f(n)!=0)
  { if(【1】) m=r;
    else n=r;
    if(【2】) break;
    r=(m+n)/2;
  }
  printf("The root of the equation is %6.3f\n",r);
  return 0;
}
```

【题 7.27】 若输入一个整数 10，则以下程序的运行结果是【 】。

```c
#include <stdio.h>
int sub(int a);
int main()
{ int a,e[10],c,i=0;
  printf("Enter an integer\n");
  scanf("%d",&a);
  while(a!=0)
  { c=sub(a);
    a=a/2;
    e[i]=c;
    i++;
  }
  for(; i>0; i--) printf("%d",e[i-1]);
  return 0;
}
int sub(int a)
{ int c;
  c=a%2;
  return c;
}
```

【题 7.28】以下程序的功能是计算下面函数的值。请填空。

$$F(x,y,z) = \frac{\sin(x)}{\sin(x-y)\sin(x-z)} + \frac{\sin(y)}{\sin(y-z)\sin(y-x)} + \frac{\sin(z)}{\sin(z-x)\sin(z-y)}$$

```
#include <stdio.h>
#include <math.h>
float f(float, float, float);
int main( )
{  float x,y,z,sum;
   printf("\ninput x,y,z:\n");
   scanf("%f%f%f",&x,&y,&z);
   sum=【1】;
   printf("sum=%f\n",sum);
   return 0;
}
float f(float a,float b,float c)
{  float value;
   value=【2】;
   return value;
}
```

【题 7.29】已有函数 pow,现要求取消变量 i 后 pow 函数的功能不变。请填空。

修改前的 pow 函数：

```
int pow(int x,int y)
{  int i,j=1;
   for(i=1; i<=y; ++i) j=j*x;
   return j;
}
```

修改后的 pow 函数：

```
int pow(int x,int y)
{  int j;
   for(【1】;【2】;【3】) j=j*x;
   return j;
}
```

【题 7.30】以下程序的运行结果是输出如下图形。请填空。

```
            *
          *   *   *
        *   *   *   *   *
      *   *   *   *   *   *   *
        *   *   *   *   *
          *   *   *
            *
```

```
#include <stdio.h>
void a(int i)
{  int j,k;
   for(j=0; j<=7-i; j++)  printf(" ");
   for(k=0; k<【1】; k++)    printf(" * ");
   printf("\n");
}
int main( )
{  int i;
   for(i=0; i<3; i++)     【2】;
   for(i=3; i>=0; i--)    【3】;
   return 0;
}
```

【题 7.31】 以下程序的功能是求 3 个数的最小公倍数。请填空。

```
#include <stdio.h>
int max(int x,int y,int z)
{  if(x>y && x>z) return x;
   else if(【1】) return y;
   else return z;
}
int main( )
{  int x1,x2,x3,i=1,j,x0;
   printf("Input 3 number:");
   scanf("%d%d%d",&x1,&x2,&x3);
   x0=max(x1,x2,x3);
   while(1)
   {  j=x0 * i;
      if(【2】) break;
      i=i+1;
   }
   printf("The is %d %d %d least common multiple is %d\n",x1,x2,x3,j );
   return 0;
}
```

【题 7.32】 函数 gongyue 的作用是求整数 num1 和 num2 的最大公约数,并返回该值。请
填空。

```
int gongyue(int num1,int num2)
{  int temp,a,b;
   if(num1【1】num2)
   {  temp=num1; num1=num2; num2=temp; }
   a=num1; b=num2;
   while(【2】)
   {  temp=a%b; a=b; b=temp; }
```

```
        return a;
    }
```

【题 7.33】以下程序的运行结果是【　】。

```
#include <stdio.h>
void add(int x, int y, int z);
int main( )
{   int x=2, y=3, z=0;
    printf("(1) x=%d y=%d z=%d\n", x, y, z);
    add(x, y, z);
    printf("(3) x=%d y=%d z=%d\n", x, y, z);
    return 0;

}
void add(int x, int y, int z)
{   z=x+y; x=x*x; y=y*y;
    printf("(2) x=%d y=%d z=%d\n", x, y, z);
}
```

【题 7.34】下面函数 pi 的功能是：根据以下公式，返回满足精度（0.0005）要求的 π 的值。
请填空。

$$\frac{\pi}{2}=1+\frac{1}{3}+\frac{1}{3}\times\frac{2}{5}+\frac{1}{3}\times\frac{2}{5}\times\frac{3}{7}+\frac{1}{3}\times\frac{2}{5}\times\frac{3}{7}\times\frac{4}{9}+\cdots$$

```
#include <stdio.h>
double pi(double eps)
{   double s=0.0, t=1.0; int n;
    for(【1】; t>eps; n++)
    {   s+=t;
        t=n*t/(2*n+1);
    }
    return【2】;
}
int main( )
{   double x=0.0005;
    printf("\neps=%lf, π=%lf", x, pi(x));
    return 0;
}
```

【题 7.35】以下程序的运行结果是【1】，fun 函数的作用是【2】。

```
#include <stdio.h>
#include <math.h>
int fun(int y, int x)
{   int z;
    z=abs(x-y);
```

```
        return z;
    }


    int main( )
    {   int a=-1,b=-5,c;
        c=fun(a,b);
        printf("%d",c);
        return 0;
    }
```

【题 7.36】 函数 f 中的形参 a 为一个 10×10 的二维数组，n 的值为 5，以下程序的运行结果为【 】。

```
    void f(int a[10][10],int n)
    {   int i,j,k;
        j=n/2+1; a[1][j]=1; i=1;
        for(k=2; k<=n*n; k++)
        {   i=i-1; j=j+1;
            if((i<1)&&(j>n))  { i=i+2; j=j-1; }
            else
            {   if(i<1)  i=n;
                if(j>n)  j=1;
            }
            if(a[i][j]==0) a[i][j]=k;
            else { i=i+2; j=j-1; a[i][j]=k; }
        }
    }
```

【题 7.37】 下面函数 func 的功能是【 】。

```
    #include <stdio.h>
    long func(long num)
    {   long k=1;
        do
        {   k*=num%10;
            num/=10;
        }while(num);
        return k;
    }
    int main( )
    {   long n;
        printf("\nPlease enter a number: ");
        scanf("%ld",&n);
        printf("\nThe product of its digits is %ld.",func(n));
        return 0;
    }
```

【题 7.38】 以下程序的运行结果是【 】。

```c
#include <stdio.h>
int fact(int value);
int main( )
{  printf("FACT(5): %d\n",fact(5));
   printf("FACT(1): %d\n",fact(1));
   fact(-5);
   return 0;
}
int fact(int value)
{  int i;
   if(value<0) { printf("FACT(-1):Error! \n"); return -1; }
   else if(value==1||value==0) return 1;
   else
   {  i=value * fact(value-1);
      return i;
   }
}
```

【题 7.39】 以下程序的功能是用递归方法计算 5 位学生的年龄,已知第一位学生年龄最小,为 10 岁,其余的学生一个比一个大 2 岁,求第 5 位学生的年龄。请填空。

递归公式如下:

$$age(n)=\begin{cases}10 & (n=1)\\age(n-1)+2 & (n>1)\end{cases}$$

```c
#include <stdio.h>
int age(int n)
{  int c;
   if(n==1) c=10;
   else c=【1】;
   return c;
}
int main( )
{  int n=5;
   printf("age: %d\n",【2】);
   return 0;
}
```

【题 7.40】 下面程序的功能是【1】,运行结果是【2】。

```c
#include <stdio.h>
long fib(int g)
```

```
{   long k;
    switch(g)
    {   case 0: return 0;
        case 1: case 2: return 1;
    }
    k=fib(g-1)+fib(g-2);
    return k;
}
int main( )
{   long k;
    k=fib(7);
    printf("k=%ld\n",k);
    return 0;
}
```

【题 7.41】下面程序的运行结果是【 】。

```
#include <stdio.h>
int sub(int n);
int main( )
{   int i=5;
    printf("%d\n",sub(i));
    return 0;
}
int sub(int n)
{   int a;
    if(n==1) return 1;
    a=n+sub(n-1);
    return a;
}
```

【题 7.42】以下程序是应用递归算法求某数 a 的平方根,请填空。求平方根的迭代公式如下:

$$x1 = \frac{1}{2}\left(x0 + \frac{a}{x0}\right)$$

```
#include <stdio.h>
#include <math.h>
double mysqrt(double a,double x0)
{   double x1,y;
    x1=【1】;
    if(fabs(x1-x0)>0.00001) y=mysqrt(【2】);
    else y=x1;
    return y;
```

```
    }
    int main( )
    { double x;
      printf("Enter x: "); scanf("%lf",&x);
      printf("The sqrt of %lf=%lf\n",x,mysqrt(x,1.0));
      return 0;
    }
```

【题 7.43】以下程序的运行结果是【 】。

```
#include <stdio.h>
void f(int a[ ])
{ int i=0;
  while(a[i]<=10)
  { printf("%d ",a[i]);
    i++;
  }
}
int main( )
{ int a[ ]={1,5,10,9,11,7};
  f(a+1);
  return 0;
}
```

【题 7.44】以下程序的运行结果是【 】。

```
#include <stdio.h>
int func(int a[ ][3]);
int main( )
{ int a[3][3]={1,3,5,7,9,11,13,15,17}; int sum;
  sum=func(a);
  printf("\nsum=%d\n",sum);
  return 0;
}
int func(int a[ ][3])
{ int i,j,sum=0;
  for(i=0; i<3; i++)
      for(j=0; j<3; j++)
      { a[i][j]=i+j;
          if(i==j)  sum=sum+a[i][j];
      }
  return sum;
}
```

【题 7.45】阅读下面的程序，完成下列问题中的填空。

　　问题(1) 此程序在调用函数 f 后的运行结果是【1】。

（2）若将函数 f 中的 for(j＝i＋1；j＜4；j＋＋) 改为 for(j＝0；j＜3－i；j＋＋)，则程序的运行结果是【2】。

```
#include <stdio.h>
void f(int s[ ][4])
{  int i,j,k;
    for(i=0; i<3; i++)
        for(j=i+1; j<4; j++)
        {  k=s[i][j]; s[i][j]=s[j][i]; s[j][i]=k; }
}
int main( )
{  int s[4][4],i,j;
    for(i=0;i<4;i++)
        for(j=0;j<4;j++)    s[i][j]=i-j;
    f(s);
    for(i=0; i<4; i++)
    {  printf("\n");
        for(j=0; j<4; j++)
            printf("%4d",s[i][j]);
    }
    return 0;
}
```

【题 7.46】下面的 search 函数的功能是利用顺序查找法从数组 a 的 10 个元素中对关键字 m 进行查找。顺序查找法的思路是：从第一个元素开始，从前向后依次与关键字比较，直到找到此元素或查找到数组尾部时结束。若找到，则返回此元素的下标值；若仍未找到，则返回值－1。请填空。

```
#include <stdio.h>
int search(int a[10],int m)
{  int i;
    for(i=0; i<=9; i++) if(【1】) return i;
    return -1;
}
int main( )
{  int a[10],m,i,no;
    …
    no=search(【2】);
    if(【3】)  printf("\nOK FOUND! %d ",no+1);
    else      printf("\nSorry Not Found!");
    return 0;
}
```

【题 7.47】已定义一个含有 30 个元素的数组 s，函数 fav1 的功能是按顺序分别赋予各元素从 2 开始的偶数，函数 fav2 则按顺序每 5 个元素求一个平均值，并将该值存放在数组 w 中。请填空。

```c
#include <stdio.h>
#define SIZE 30
void fav1(float s[ ])
{  int i;
   float k=2.0;
   for(i=0;i<SUZE;i++)
   { 【1】;
     k+=2;
   }
}
void fav2(float s[ ],float w[ ])
{  float sum; int k,i;
   sum=0.0;
   for(k=0,i=0; i<SIZE; i++)
   {  sum+=s[i];
      if((i+1)%5==0)
      {  w[k]=sum/5;
        【2】;
         k++;
      }
   }
}
int main( )
{  float s[SIZE],w[SIZE/5]; int i;
   fav1(s);for(i=0;i<SIZE;i++)  printf("%.f",s[i]);printf("\n");
   fav2(s,w);for(i=0;i<SIZE/5;i++)  printf("%.f",w[i]);
   return 0;
}
```

【题 7.48】以下程序的运行结果是【1】,其算法是【2】。

```c
#include <stdio.h>
void sort(int a[ ]);
int main( )
{  int a[5]={ 5,10,-7,3,7 },i;
   sort(a);
   for(i=0; i<=4; i++) printf("%d ",a[i]);
   return 0;
}
void sort(int a[ ])
{  int i,j,t;
   for(i=0; i<4; i++)
       for(j=0; j<4-i; j++)
           if(a[j]>a[j+1]) { t=a[j]; a[j]=a[j+1];a[j+1]=t; }
}
```

【题 7.49】以下程序的运行结果是【1】,其算法是【2】。

```
# include <stdio.h>
void sort(int a[ ]);
int main( )
{   int a[5]={ 9,6,8,3,-1 },i;
    sort(a);
    for(i=0; i<=4; i++) printf("%d ",a[i]);
    return 0;
}
void sort(int a[ ])
{   int i,j,t,p;
    for(j=0; j<4; j++)
    {   p=j;
        for(i=j; i<=4; i++) if(a[i]<a[p]) p=i;
        t=a[p]; a[p]=a[j]; a[j]=t;
    }
}
```

【题 7.50】函数 del 的作用是从已按升序排列的数组 a 中删除指定元素 x。已有调用语句 n＝del(a,n,x);,其中实参 n 为删除前数组元素的个数,赋值号左边的 n 为删除后数组元素的个数。请填空。

```
int del(int a[ ],int n,int x)
{   int p,i;
    p=0;
    while(x>=a[p] && p<n)  【1】;
    for(i=p-1; i<n; i++)  【2】;
    n=n-1;
    return n;
}
```

【题 7.51】以下程序的运行结果是【 】。

```
# include <stdio.h>
int func(int array[ ][4],int m)
{   int i,j,k;
    k=0;
    for(i=0; i<3; i++)
        for(j=0; j<4; j++) if(array[i][j]<m) k=k+array[i][j];
    return k;
}
int main( )
{   int a[3][4]={{1,13,5,7},{2,4,26,8},{10,1,3,12}};
    int i,j,m;
    for(i=0; i<3; i++)
```

```
        {   for(j=0; j<4; j++) printf("%4d ",a[i][j]);
            printf("\n");
        }
        m=10;
        printf("\nThe value is %d\n",func(a,m));
        return 0;
    }
```

【题 7.52】 函数 void swap(int x,int y)的功能是完成对 x 和 y 值的交换。现有如下语句，在调用 swap 函数后，数组元素 a[0]和 a[1]的值分别为【1】，原因是【2】。

```
a[0]=1; a[1]=2;
swap(a[0],a[1]);
```

【题 7.53】 函数 void swap(int a[],int n)可对 a 数组 n 个元素中任意两个元素进行值的交换。现有如下语句，在调用 swap 函数后，数组元素 a[0]和 a[1]的值分别为【1】，原因是【2】。

```
a[0]=1; a[1]=2;
swap(a,2);
```

【题 7.54】 以下程序可计算 1 门课程中 10 名学生成绩的平均分。请填空。

```
#include <stdio.h>
float average(float array[10])
{   int i; float aver,sum=array[0];
    for(i=1;【1】;i++) sum+=【2】;
    aver=sum/10;
    return aver;
}
int main()
{   float score[10],aver; int i;
    printf("\ninput 10 scores:");
    for(i=0; i<10; i++) scanf("%f",&score[i]);
    aver=【3】;
    printf("\naverage score is %5.2f\n",aver);
    return 0;
}
```

【题 7.55】 函数 yanghui 能够按以下形式构成一个杨辉三角形。请填空。

```
1
1    1
1    2    1
1    3    3    1
1    4    6    4    1
1    5    10   10   5    1
```

...

```
#include <stdio.h>
#define N 11
void yanghui(int a[ ][N])
{  int i,j;
   for(i=0; i<N; i++)   { a[i][1]=1; a[i][i]=1; }
   for(【1】; i<N; i++)
       for(j=2;【2】; j++)   a[i][j]=【3】+a[i-1][j];
}
```

【题 7.56】下面程序的功能是：从键盘输入一个整数 m(4≤m≤20)，输出如下的整数方阵（存入二维数组 aa）。例如，若输入 4 和 5，则分别输出：

```
16   9   4   1          25  16   9   4   1
 9   4   1  16          16   9   4   1  25
 4   1  16   9           9   4   1  25  16
 1  16   9   4           4   1  25  16   9
                         1  25  16   9   4
```

请改正程序中的错误语句，使它能得出正确的结果。第一条错误语句改正后的语句是【1】，第二条错误语句改正后的语句是【2】。（注意：不得增行、删行、更改程序结构。）

```
#include <stdio.h>
#define M 20
void aMatrix(int n,int xx[ ][M])
{  int i,j;
   for(j=0; j<n; j++) xx[0][j]=(n-j)*(n-j);
   for(i=1; i<n; i++)
   {  for(j=0; j<n; j++)           /* 第一条错误语句 */
          xx[i][j]=xx[i-1][j+1];
      xx[i][n-1]=xx[i-1][0];
   }
}

int main( )
{  int aa[M][M],i,j,m;
   printf("\nPlease enter an integer number between 4 and 20: ");
   scanf("%d", &m);
   aMatrix(m,aa);
   printf("\nThe %d*%d matrix generated:",m,m);
   for(i=0;i<m;i++)
   {  printf("\n");
      for(j=0;j<m;j++)
          printf("%4f",aa[i][j]);           /* 第二条错误语句 */
   }
   return 0;
}
```

【题 7.57】以下程序的运行结果是【 】。

```
#include <stdio.h>
int main( )
{   int a=1,b=2,c=3;
    ++a;
    c+=++b;
    {   int b=4,c;
        c=b*3;
        a+=c;
        printf("first:%d,%d,%d\n",a,b,c);
        a+=c;
        printf("second:%d,%d,%d\n",a,b,c);
    }
    printf("third:%d,%d,%d\n",a,b,c);
    return 0;
}
```

【题 7.58】以下程序的运行结果是【 】。

```
#include <stdio.h>
void fun(int m);
int k=1;
int main( )
{   int i=4;
    fun(i);
    printf("(1) %d,%d\n",i,k);
    return 0;
}
void fun(int m)
{   m+=k; k+=m;
    {   char k='B';
        printf("(2) %d\n",k-'A');
    }
    printf("(3) %d,%d\n",m,k);
}
```

【题 7.59】以下程序的运行结果是【 】。

```
#include <stdio.h>
void sub(int x, int y);
int x1=30,x2=40;
int main( )
{   int x3=10,x4=20;
    sub(x3,x4);
```

```
        sub(x2,x1);
        printf("%d,%d,%d,%d\n",x3,x4,x1,x2);
        return 0;
    }
    void sub(int x,int y)
    {   x1=x;
        x=y;
        y=x1;
    }
```

【题 7.60】以下程序的运行结果是【   】。

```
    #include <stdio.h>
    int reset(int i);
    int workover(int i);
    int i=0;
    int main( )
    {   int i=5;
        reset(i/2);     printf("i=%d\n",i);
        reset(i=i/2);   printf("i=%d\n",i);
        reset(i/2);     printf("i=%d\n",i);
        workover(i);    printf("i=%d\n",i);
        return 0;
    }
    int workover(int i)
    {   i=(i%i) * ((i * i)/(2 * i)+4);
        printf("i=%d\n",i);
        return i;
    }
    int reset(int i)
    {   i=i<=2?5:0;
        return i;
    }
```

【题 7.61】以下程序的运行结果是【   】。

```
    #include <stdio.h>
    void fun(int a,int d)
    {   int i,sum=0;
        for(i=0;i<10;i++)
        {   sum=sum+a;
            a=a+d;
            if(sum%4==2)  printf("%d ",sum);
        }
    }
```

```
int main()
{   int a=2,d=3;
    fun(a,d);
    return 0;
}
```

【题 7.62】 以下程序的运行结果是【 】。

```
#include <stdio.h>
int a=3,b=5;
int max(int a,int b)
{   int c;
    c=a>b?a:b;
    return c;
}
int main( )
{   int a=8;
    printf("%d",max(a,b));
    return 0;
}
```

【题 7.63】 以下程序的运行结果是【 】。

```
#include <stdio.h>
#include <math.h>
int fun(int n)
{   int i,m=0; long s=1;
    for(i=1;i<=n;i++) s=s*n;
    s=s%1000;
    do
    {   m=m+s%10;
        s=s/10;
    }while(s);
    return m;
}
int main( )
{   int d;
    d=fun(5);
    printf("\nsum=%d\n",d);
    return 0;
}
```

【题 7.64】 当输入的数值 x 为 6,y 为 4 时,以下程序运行后 t 的值是【 】。

```
#include <stdio.h>
long fun(long x,long y)
{   int i; long t=1;
```

```
        for(i=1;i<=y;i++) t=t*x%100;
        return t;
    }

    int main()
    {   long x,y,t;
        printf("\ninput x and y:\n "); scanf("%ld%ld",&x,&y);
        t=fun(x,y);
        printf("\nx=%ld,y=%ld,t=%ld\n",x,y,t);
        return 0;
    }
```

【题 7.65】以下函数 fun 的功能是：统计用数字 $0 \sim 9$ 可以组成多少个位值相同的 3 位偶数。请填空。

```
#include<stdio.h>
int fun()
{   int n=0,i,j,k;
    for(i=1;i<=9;i++)
        for(k=0;k<=8;k=【1】)
            for(j=0;j<=9;j++)
                if(【2】)   n++;
    return n;
}
int main()
{   int n;
    n=fun();
    printf("n=%d\n",n);
    return 0;
}
```

【题 7.66】以下程序的运行结果是【 】。

```
#include<stdio.h>
void func();
int n=1;
int main()
{   static int x=5; int y;
    y=n;
    printf("MAIN: x=%2d y=%2d n=%2d\n",x,y,n);
    func();
    printf("MAIN: x=%2d y=%2d n=%2d\n",x,y,n);
    func();
    return 0;
}
void func()
{   static int x=4; int y=10;
```

```
    x=x+2;
    n=n+10;
    y=y+n;
    printf("FUNC: x=%2d y=%2d n=%2d\n",x,y,n);
}
```

【题 7.67】 以下程序的功能是【　】。

```
#include <stdio.h>
int fac(int n)
{   static int f=1;
    f=f*n;
    return f;
}
int main()
{   int i;
    for(i=1;i<=5;i++) printf("%d!=%d\n",i,fac(i));
    return 0;
}
```

7.3　编　程　题

【题 7.68】 函数 fun 的功能是：判断输入的 3 个整型值能否组成三角形，组成的是等边三角形，还是等腰三角形。请在函数中填写正确的内容。

```
#include <stdio.h>
void fun(int a, int b, int c);
int main()
{   int a,b,c;
    printf("\ninput a,b,c:\n"); scanf("%d%d%d",&a,&b,&c);
    fun(a,b,c);
    return 0;
}
void fun(int a,int b,int c)
{   if(a+b>c&&b+c>a&&a+c>b)
        (请在此处填写正确的内容)
    else
        printf("Cannot form triangles");
}
```

【题 7.69】 已有变量定义和函数调用语句 int x=57;isprime(x);，函数 isprime()用来判断一个整型数 a 是否为素数。若是素数，则函数返回 1，否则返回 0。请编写 isprime 函数。

```
int isprime(int a)
{     }
```

【题 7.70】 已有变量定义和函数调用语句 int a, b；b＝sum(a)；，函数 sum( ) 用以求 $\sum k$，和数作为函数值返回。若 a 的值为 10，则经函数 sum 的计算后，b 的值是 55。请编写 sum 函数。

```
int sum(int n)
{    }
```

【题 7.71】 已有变量定义语句 double a＝5.0, p；int n＝5；和函数调用语句 p＝mypow(a, n)；，用以求 a 的 n 次方。请编写 double mypow(double x, int y)函数。

```
double mypow(double x, int y)
{    }
```

【题 7.72】 以下程序的功能是用牛顿法求解方程 f(x)＝cosx－x＝0。已有初始值 x0＝3.1415/4，要求绝对误差不超过 0.001，函数 f 用来计算迭代公式中 x_n 的值，请编写 f 函数。牛顿迭代公式是：

$$x_{n+1} = x_n - f(x_n)/f'(x_n)$$

即

$$x_{n+1} = x_n - (\cos x_n - x_n)/(\sin x_n - 1)$$

```
#include <stdio.h>
#include <math.h>
#define PI 3.1415
double f(double x0)
{    }
int main( )
{  int t=0, k=100, n=0; double x0=PI/4, x1;
   while(n<k)
   {  x1=f(x0);
      if(fabs(x0-x1)<0.001) { t=1; break; }
      else { x0=x1; n=n+1; }
   }
   if(t==1)   printf("\nThe root of the equation is %10.5f", x1);
   else       printf("\nSorry, not found!");
   return 0;
}
```

【题 7.73】 以下函数 fun 的功能是从 3 个红球(x)、5 个白球(y)、6 个黑球(z)中任意取出 8 个，且其中必须要有红球和白球。请编写函数，输出所有方案。

```
#include <stdio.h>
int fun(int x, int y, int z)
{  int i, j, k, sum=0;
   (请在此处编写函数)
}
int main( )
```

```
{   int sum,x=3,y=5,z=6;
    sum=fun(x,y,z);
    printf("sum=%4d\n",sum);
    return 0;
}
```

【题 7.74】 以下程序的功能是应用弦截法求方程 $x^3-5x^2+16x-80=0$ 的根。其中 f 函数可根据指定的 x 值求出方程的值；函数 xpoint 可根据 x1 和 x2 求出 f(x1)和 f(x2)的连线与 x 轴的交点；函数 root 用来求区间(x1,x2)的实根。请编写 root 函数。

```
#include <stdio.h>
#include <math.h>
float root(float x1,float x2)
{      }

float f(float x)                    /* 略 */
{      }

float xpoint(float x1,float x2)    /* 略 */
{      }

int main()
{   float x1,x2,f1,f2,x;
    do
    {   printf("input x1,x2:\n");
        scanf("%f%f",&x1,&x2);
        printf("x1=%5.2f, x2=%5.2f\n",x1,x2);
        f1=f(x1);
        f2=f(x2);
    } while(f1*f2>=0);
    x=root(x1,x2);
    printf("A root of equation is %8.4f",x);
    return 0;
}
```

【题 7.75】 以下函数 p 的功能是用递归方法计算 x 的 n 阶勒让德多项式的值。已有调用语句 p(n,x);，请编写 p 函数。递归公式如下：

$$P_x(x)=\begin{cases}1 & (n=0)\\ x & (n=1)\\ ((2n-1)xP_{n-1}(x)-(n-1)P_{n-2}(x))/n & (n>1)\end{cases}$$

```
float p(int n,float x)
{      }
```

【题 7.76】以下程序的功能是应用下面的近似公式计算 e 的 n 次方。函数 f1 用来计算每项分子的值,函数 f2 用来计算每项分母的值。请编写 f1 和 f2 函数。

$$e^x = 1 + x + \frac{x^2}{2!} + \frac{x^3}{3!} + \cdots \text{(前 20 项的和)}$$

```
#include <stdio.h>
float f2(int n)
{        }

float f1(int x,int n)
{        }

int main()
{   float exp=1.0; int n,x;
    printf("Input a number:");
    scanf("%d",&x); printf("%d\n",x);
    exp=exp+x;
    for(n=2;n<=19;n++) exp=exp+f1(x,n)/f2(n);
    printf("\nThe is exp(%d)=%8.4f\n",x,exp);
    return 0;
}
```

运行结果:

```
Input a number:3
The is exp(3)= 20.0855
```

【题 7.77】a 是一个 2×4 的整型数组,且其各元素均已赋值。函数 max_value 可求出 a 数组中的最大元素值 max,并将此值返回主调函数。现在已经有函数调用语句 max=max_value(a);,请编写 max_value 函数。

```
int max_value(int arr[ ][4])
{        }
```

【题 7.78】输入若干整数,其值均在 1~4 的范围内,用 -1 作为输入结束标志,请编写函数 f 用于统计每个整数的个数。

例如,若输入的整数为   1   2   3   4   1   2
则统计的结果为   1:   2
                    2:      2
                    3:      1
                    4:      1

```
#include <stdio.h>
void f(int a[ ], int c[ ], int n);
#define M 50
int main()
```

```
{   int a[M],c[5]={0},i,n,x;
    n=0;
    printf("Enter 1 or 2 or 3 or 4, to end with -1\n");
    scanf("%d",&x);
    while(x!=-1)
    {   if(x>=1 && x<=4)   {   a[n]=x; n++;   }
        scanf("%d",&x);
    }
    f(a,c,n);
    printf("Output the result:\n");
    for(i=1;i<=4;i++) printf("%d: %d\n",i,c[i]);
    printf("\n");
    return 0;
}
void f(int a[ ],int c[ ],int n)
{        }
```

第8章 编译预处理

8.1 选 择 题

【题8.1】以下关于编译预处理的叙述中错误的是_____。

A）预处理命令行必须以#开始

B）一条有效的预处理命令必须单独占据一行

C）预处理命令行只能位于源程序中所有语句之前

D）预处理命令不是C语言本身的组成部分

【题8.2】以下关于宏的叙述中正确的是_____。

A）宏名必须用大写字母表示

B）宏替换时要进行语法检查

C）宏替换不占用运行时间

D）宏定义中不允许引用已有的宏名

【题8.3】以下叙述中正确的是_____。

A）在程序的一行上可以出现多个有效的预处理命令行

B）使用带参数的宏时，参数的类型应与宏定义时的一致

C）宏替换不占用运行时间，只占用编译时间

D）宏调用比函数调用耗费时间

【题8.4】请读程序：

```
#include <stdio.h>
#define ADD(x) x+x
int main()
{
    int m=1,n=2,k=3;
    int sum=ADD(m+n) * k;
    printf("sum=%d",sum);
    return 0;
}
```

上面程序的运行结果是_____。

A）sum＝9　　　　B）sum＝10　　　　C）sum＝12　　　　D）sum＝18

【题8.5】有以下程序：

```
#include <stdio.h>
#define M(x,y,z) x * y+z
```

```
int main( )
{ int a=1,b=2,c=3;
  printf("%d\n",M(a+b,b+c,c+a));
  return 0;
}
```

程序执行后的输出结果是_____。

A) 19   B) 17   C) 15   D) 12

【题 8.6】以下程序的运行结果是 _____。

```
#include <stdio.h>
#define MIN(x,y) (x)<(y) ? (x) : (y)
int main( )
{  int i=10,j=15,k;
   k=10 * MIN(i,j);
   printf("%d\n",k);
   return 0;
}
```

A) 10   B) 15   C) 100   D) 150

【题 8.7】在宏定义 #define PI 3.14159 中，宏名 PI 代替的是一个 _____。

A) 常量   B) 单精度数   C) 双精度数   D) 字符串

【题 8.8】以下程序的运行结果是 _____。

```
#include <stdio.h>
#define FUDGE(y)   2.84+y
#define PR(a)      printf("%d",(int)(a))
#define PRINT1(a)  PR(a); putchar('\n')
int main( )
{  int x=2;
   PRINT1(FUDGE(5) * x);
   return 0;
}
```

A) 11   B) 12   C) 13   D) 15

【题 8.9】以下有关宏替换的叙述不正确的是_____。

A) 宏替换不占用运行时间   B) 宏名无类型
C) 宏替换只是字符替换   D) 宏名必须用大写字母表示

【题 8.10】C 语言的编译系统对宏命令的处理是_____。

A) 在程序运行时进行的

B) 在程序连接时进行的

C) 和 C 程序中的其他语句同时进行编译的

D) 在对源程序中其他成分正式编译之前进行的

【题 8.11】若有宏定义如下：

```
#define    X    5
#define    Y    X+1
#define    Z    Y*X/2
```

则执行以下 printf 语句后,输出结果是 _____。

```
int a; a=Y;
printf("%d\n",Z) ;
printf("%d\n",--a) ;
```

A) 7   B) 12   C) 12   D) 7

  6   6   5   5

【题 8.12】若有以下宏定义:

```
#define   N   2
#define Y(n)    ((N+1) * n)
```

则执行语句 z=2 * (N+Y(5));后的结果是 _____。

A) 语句有错误   B) z=34

C) z=70   D) z 无定值

【题 8.13】若有宏定义 : #define MOD(x,y) x％y

则执行以下语句后的输出为_____。

```
int z, a=15, b=100;
z=MOD(b,a);
printf("%d\n",z++);
```

A) 11   B) 10   C) 6   D) 宏定义不合法

【题 8.14】以下程序的运行结果是_____。

```
#define MAX(A,B)    (A)>(B)?(A):(B)
#define PRINT(Y)    printf("Y=%d\t",Y)
int main( )
{ int a=1, b=2, c=3,d=4, t;
  t=MAX(a+b,c+d);
  PRINT(t);
  return 0;
}
```

A) Y=3   B) 存在语法错误

C) Y=7   D) Y=0

【题 8.15】以下程序段中存在错误的是 _____。

A) #define array_size   100
   int array1[array_size];

B) #define PI   3.14159
   #define S(r)   PI * (r) * (r)
       ⋮

```
          area=S(3.2);
    C) #define PI     3.14159
       #define S(r)     PI * (r) * (r)
          ⋮
       area=S(a+b);
    D) #define PI     3.14159;
       #define S (r)     PI * (r) * (r)
          ⋮
       area=S(a);
```

【题 8.16】请读程序：

```
#include <stdio.h>
#define MUL(x,y)     (x) * y
int main( )
{ int a=3,b=4,c;
  c=MUL(a++,b++);
  printf("%d\n",c);
  return 0;
}
```

上面程序的输出结果是 _____。

A) 12   B) 15   C) 20   D) 16

【题 8.17】若要定义一个宏，用以计算多项式 $4 \times x \times x + 3 \times x + 2$ 的值，则以下正确的定义
形式是_____。

A) #define f(x)=4 * x * x+3 * x+2

B) #define f   4 * x * x+3 * x+2

C) #define f(a)   (4 * a * a+3 * a+2)

D) #define (4 * a * a+3 * a+2)   f(a)

【题 8.18】对下面程序段：

```
#define   A   3
#define B(a)     ((A+1) * a)
     ⋮
x=3 * (A+B(7));
```

正确的判断是 _____。

A) 程序错误，宏定义不许嵌套   B) x=93

C) x=21   D) 程序错误，宏定义不允许有参数

【题 8.19】以下程序中，第一个输出值是【1】_____，第二个输出值是【2】_____。

```
#include <stdio.h>
#define M     3
#define N     (M+1)
```

```
#define NN    N * N/2
int main( )
{ printf("%d\n",NN);
  printf("%d",5 * NN);
  return 0;
}
```

【1】A) 3   B) 4   C) 6   D) 8

【2】A) 17   B) 18   C) 30   D) 40

【题 8.20】以下叙述中错误的是_____。

A) 编译预处理命令行不是 C 语句,末尾不必加分号

B) 一条 #include 命令可以指定多个被包含文件

C) 利用条件编译命令可以控制程序中的某些内容不进行编译

D) 宏定义出现在程序中的位置决定了宏名的有效范围

【题 8.21】以下程序的输出结果为 _____。

```
#include <stdio.h>
#define PT    5.5
#define S(x)  PT * x * x
int main( )
{ int a=1,b=2;
  printf("%4.1f\n",S(a+b));
  return 0;
}
```

A) 12.0   B) 9.5   C) 12.5   D) 33.5

【题 8.22】以下在任何情况下计算平方数时都不会引起二义性的宏定义是 _____。

A) #define POWER(x)   x * x

B) #define POWER(x)   (x) * (x)

C) #define POWER(x)   (x * x)

D) #define POWER(x)   ((x) * (x))

【题 8.23】在文件包含预处理命令的使用形式中,当 #include 后面的文件名用" "(双引号)括起时,寻找被包含文件的方式是_____。

A) 直接按系统设定的标准方式搜索目录

B) 先在源程序所在目录搜索,再按系统设定的标准方式搜索

C) 仅搜索源程序所在目录

D) 仅搜索当前目录

【题 8.24】在文件包含预处理命令的使用形式中,当 #include 后面的文件名用<>(尖括号)括起时,寻找被包含文件的方式是_____。

A) 仅搜索当前目录

B) 仅搜索源程序所在目录

C) 直接按系统设定的标准方式搜索目录

D) 先在源程序所在目录搜索，再按系统设定的标准方式搜索

【题 8.25】程序中头文件 def.h 的内容如下：

```
#define  H1  5
#define  H2  H1*2
```

程序如下：

```
#include <stdio.h>
#include <def.h>
#define H3 H1*3
int main()
{ int n;
  n=H3+H2;
  printf("%d\n",n);
  return 0;
}
```

程序执行后的输出结果是_____。

A) 30   B) 25   C) 20   D) 15

【题 8.26】请读程序：

```
#include <stdio.h>
#define LETTER 0
int main()
{  char str[20]="C Language",c ;
   int i ;
   i=0 ;
   while((c=str[i])!='\0')
     {  i++;
        #if LETTER
           if (c>='a'&&c<='z')
              c=c-32 ;
        #else
           if (c>='A'&&c<='Z')
              c=c+32 ;
        #endif
        printf("%c",c) ;
     }
   return 0;
}
```

上面程序的运行结果是 _____。

A) C Language   B) c language   C) C LANGUAGE   D) c lANGUAGE

【题 8.27】以下正确的描述是 _____。

A) C 语言的预处理功能是指完成宏替换和包含文件的调用

B) 预处理指令只能位于 C 源程序文件的首部

C) 凡是 C 源程序中行首以 # 标识的控制行都是预处理命令

D) C 语言的编译预处理就是对源程序进行初步的语法检查

8.2 填 空 题

【题 8.28】设有以下宏定义：

```
define WIDTH 80
#define LENGTH WIDTH+40
```

则执行赋值语句：v＝LENGTH * 20；(v 为 int 型变量)后,v 的值是【 】。

【题 8.29】设有以下宏定义：

```
#define WIDTH 80
#define LENGTH (WIDTH+40)
```

则执行赋值语句：k＝LENGTH * 20；(k 为 int 型变量)后,k 的值是【 】。

【题 8.30】下面程序的运行结果是【 】。

```
#include <stdio.h>
#define DOUBLE(r)    r * r
int main( )
{  int  x=1, y=2, t;
   t=DOUBLE(x+y);
   printf("%d\n",t);
   return 0;
}
```

【题 8.31】下面程序的运行结果是【 】。

```
#include <stdio.h>
#define MUL(z)    (z) * (z)
int main( )
{
   printf("%d\n",MUL(1+2)+3);
   return 0; }
```

【题 8.32】下面程序的运行结果是【 】。

```
#include <stdio.h>
#define POWER(x)    ((x) * (x))
int main( )
{  int i=1;
   while (i<=4) printf("%d\t",POWER(i++));
   printf("\n");
   return 0;
}
```

【题 8.33】下面程序的运行结果是【 】。

```c
#include <stdio.h>
#define EXCH( a, b )    { int t; t=a; a=b; b=t; }
int main( )
{   int x=5, y=9;
    EXCH( x,y );
    printf("x=%d, y=%d\n",x, y );
    return 0;
}
```

【题 8.34】下面程序的运行结果是【 】。

```c
#include <stdio.h>
#define MAX(a,b,c)    ((a)>(b)?((a)>(c)?(a):(c)):((b)>(c)?(b):(c)))
int main( )
{ int x, y, z;
  x=1; y=2; z=3;
  printf("%d,",MAX(x,y,z) );
  printf("%d,",MAX(x+y,y,y+x) );
  printf("%d\n",MAX(x,y+z, z) );
  return 0;
}
```

【题 8.35】下面程序的运行结果是【 】。

```c
#include <stdio.h>
#define SELECT(a, b)    a<b ? a : b
int main( )
{ int m=2,n=4;
  printf("%d\n",SELECT(m,n) );
  return 0;
}
```

【题 8.36】下面程序的运行结果是【 】。

```c
#include <stdio.h>
#define MAX(a, b)    (a >b ? a : b)+1
int main( )
{   int i=6,j=8,k;
    printf("%d\n",MAX(i,j) );
    return 0;
}
```

【题 8.37】设有宏定义如下：

```c
#define MIN(x,y)    (x) >(y) ? (x): (y)
#define T(x,y,r) x*r*y/4
```

则执行以下语句后，s1 的值为【1】，s2 的值为【2】。

```
int a=1,b=3,c=5,s1,s2;
s1=MIN(a=b,b-a);
s2=T(a++,a*++b,a+b+c);
```

【题 8.38】设有如下定义：

```
#define SWAP(T,X,Y)    { T=X; X=Y; Y=T; }
```

以下程序段将通过调用宏实现变量 x 和 y 内容的交换，请填空。

```
double x=2.5,y=6.4,z;
SWAP(【 】);
```

【题 8.39】下面程序的运行结果是【 】。

```
#include <stdio.h>
#define  PR(ar)  printf("%d",ar)
int main()
{ int j,a[ ]={1,3,5,7,9,11,13,15},i=5;
  for(j=3;j;j--)
  { switch(j)
     { case 1:
       case 2: PR(a[i++]); break;
       case 3: PR(a[--i]);
     }
  }
  return 0;
}
```

【题 8.40】有以下程序：

```
#include <stdio.h>
#define  M  5
#define  f(x)  x*x
#define  ff(x) (x*x)
int main()
{ int n1,n2;
  n1=100/f(M);
  n2=100/ff(M);
  printf("n1=%d,n2=%d\n",n1,n2);
  return 0;
}
```

程序执行后的输出结果是【 】。

【题 8.41】有以下程序：

```
#include <stdio.h>
```

```
#define   MA(a)      2*a
#define   MB(a,b)      2*MA(b)+a
int main( )
{ int x=3,y=4;
  printf("%d\n",MB(y,MA(x)));
  return 0;
}
```

程序执行后的输出结果是【 】。

【题 8.42】 以下程序的运行结果是【 】。

```
#include <stdio.h>
#define A     4
#define B(x)      A*x/2
int main( )
{ float c,a=4.5;
  c=B(a);
  printf("%5.1f\n",c);
  return 0;
}
```

【题 8.43】 以下程序的运行结果是【 】。

```
#include <stdio.h>
#define   sw(x,y)   { x^=y; y^=x; x^=y; }
int main( )
{ int a=10,b=01;
  sw(a,b);
  printf("%d,%d\n",a,b);
  return 0;
}
```

【题 8.44】 以下程序的运行结果是【 】。

```
#include <stdio.h>
#define PR(a)     printf("%d\t",(int)(a))
#define PRINT(a)     PR(a); printf("ok!")
int main( )
{ int i,a=1;
  for( i=0; i<3; i++)
     PRINT(a+i);
  printf("\n");
  return 0;
}
```

【题 8.45】 以下程序的运行结果是【 】。

```
#include <stdio.h>
```

```
int main( )
{
  int b=5;
  #define b    2
  #define f(x)    b * (x)
  int y=3;
  printf("%d\n",f(y+1));
  #undef b
  printf("%d\n",f(y+1));
  #define b 3
  printf("%d\n",f(y+1));
  return 0;
}
```

【题 8.46】以下程序的运行结果是【　】。

```
#include <stdio.h>
#define K    2
#define N    K * 2+K/2
int main()
{ int a;
   for(a=1; a<N;  a++)  printf(" * ");
   return  0;
}
```

【题 8.47】设有以下程序,为使之正确运行,请在【　】中填入应包含的命令行。

```
【1】
【2】
int main( )
 { printf("\n");
   try_me( );              //函数调用
   printf("\n");
   return 0;
 }
```

注：try_me( ) 函数在 myfile.txt 中有定义,其内容如下:

```
//myfile.txt
try_me( )
 { char c;
   if((c=getchar( ))!="\n")
      try_me( );
   putchar(c);
 }
```

【题 8.48】设有以下程序,为使之正确运行,请在【　】中填入应包含的命令行。

```
#include <stdio.h>
```

```
int main( )
{ int x=2,y=3;
  printf("%d\n",pow(x,y));
  return 0;
}
```

【题 8.49】 以下程序的运行结果是【 】。

```
#include <stdio.h>
int main( )
{ int a=10,b=20,c;
  c=a/b;
  #ifdef DEBUG
      printf("a=%d,b=%d,",a,b);
  #endif
  printf("c=%d\n",c);
  return 0;
}
```

【题 8.50】 以下程序的运行结果是【 】。

```
#include <stdio.h>
#define DEBUG
int main( )
{ int a=14,b=15,c;
  c=a/b;
  #ifdef DEBUG
     printf("a=%o,b=%o,",a,b);
  #endif
  printf("c=%d\n",c);
  return 0;
}
```

【题 8.51】 以下程序的运行结果是【 】。

```
#include <stdio.h>
#define DEBUG
int main( )
{ int a=20,b=10,c;
  c=a/b;
  #ifndef DEBUG
     printf("a=%o,b=%o,",a,b);
  #endif
  printf("c=%d\n",c);
  return 0;
}
```

8.3 编程题

【题 8.52】输入两个整数,求它们相除的余数。用带参数的宏编程来实现。

【题 8.53】试定义一个带参数的宏 swap(x,y),以实现两个整数之间的交换,并利用它将一维数组 a 和 b 的值进行交换。

【题 8.54】定义一个带参数的宏,用来判断一个字符是否为字母。编写主函数,从键盘输入一个字符,调用上述宏输出判断结果。

【题 8.55】定义一个带参数的宏,用以判断整数 n 是否能被 x 整除。编写程序,从终端输入一个整数,调用宏验证其是否能同时被 3 和 7 整除。

【题 8.56】已知计算三角形面积的公式为 $area = \sqrt{s(s-a)(s-b)(s-c)}$,其中 $s = \frac{1}{2}(a + b + c)$,这里 a、b、c 分别为三角形的 3 条边。请编写程序:定义两个带参数的宏,分别实现上述两个公式,并引用所定义的宏计算三角形面积。

第9章 指 针

9.1 选 择 题

【题 9.1】 以下程序的运行结果是_____。

```
#include <stdio.h>
void sub( int x,int y,int * z)
{  * z=y-x; }

int main( )
{  int a,b,c;
   sub(10,5,&a);
   sub(7,a,&b);
   sub(a,b,&c);
   printf("%4d,%4d,%4d\n",a,b,c);
   return 0;
}
```

A) 5，2，3   B) -5，-12，-7
C) -5，-12，-17   D) 5，-2，-7

【题 9.2】 执行以下程序后,a 的值为【1】,b 的值为【2】。

```
#include <stdio.h>
int main( )
{  int a,b,k=4,m=6, * p1=&k, * p2=&m;
   a=p1==&m;
   b=(- * p1)/( * p2)+7;
   printf("a=%d\n",a);
   printf("b=%d\n",b);
   return 0;
}
```

【1】A) -1   B) 1   C) 0   D) 4
【2】A) 5   B) 6   C) 7   D) 10

【题 9.3】 以下程序中调用 scanf 函数给变量 a 输入数值的方法是错误的,其错误原因
是_____。

```
int main( )
{   int * p,a;
```

```
    p=&a;
    printf("input a:");
    scanf("%d", * p);
    ...
}
```

A）＊p 表示的是指针变量 p 的地址

B）＊p 表示的是变量 a 的值，而不是变量 a 的地址

C）＊p 表示的是指针变量 p 的值

D）＊p 只能用来说明 p 是一个指针变量

【题 9.4】有如下语句 int a＝10,b＝20, * p1, * p2; p1＝&a; p2＝&b;,如图 9-1 所示;若要实现图 9-2 所示的存储结构,可选用的赋值语句是_____。

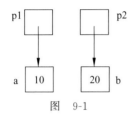

图 9-1

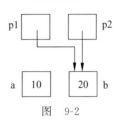

图 9-2

A）＊p1＝＊p2;　　　　　　B) p1＝p2;

C) p1＝＊p2;　　　　　　D）＊p1＝p2;

【题 9.5】若需要建立图 9-3 所示的存储结构,且已有说明 float ＊ p,m＝3.14;,则正确的赋值语句是_____。

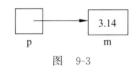

图 9-3

A) p＝m;　　　　B) p＝&m;　　　C）＊p＝m;　　　D）＊p＝&m;

【题 9.6】已有变量定义和函数调用语句：int a＝25; print_value(&a);,下面函数的正确输出结果是_____。

```
void print_value(int * x)
{  printf("%d\n",++ * x); }
```

A) 23　　　　　　B) 24　　　　　　C) 25　　　　　　D) 26

【题 9.7】设 char ＊ s＝"\ta\017bc";,则指针变量 s 指向的字符串所占的字节数是_____。

A) 9　　　　　　B) 5　　　　　　C) 6　　　　　　D)7

【题 9.8】下面程序段中,for 循环的执行次数是_____。

```
char * s="\ta\018bc";
for ( ; * s!='\0'; s++) printf ("*");
```

A) 9   B) 5   C) 6   D) 7

【题 9.9】下面能正确进行字符串赋值操作的是_____。

    A) char s[5]={"ABCDE"};   B) char s[5]={'A','B','C','D','E'};

    C) char * s；s="ABCDE";   D) char * s；scanf("%s",s);

【题 9.10】下面程序段的运行结果是_____。

```
char * s="abcde";
s+=2; printf("%d",s);
```

    A) cde   B) 字符 c

    C) 字符 c 的地址   D) 无确定的输出结果

【题 9.11】下面程序段的运行结果是_____。

```
char * format="%s,a=%d,b=%d\n";
int a=1,b=10;
a+=b;
printf(format,"a+=b",a,b);
```

    A) for,"a+=b",ab   B) format,"a+=b"

    C) a+=b,a=11,b=10   D) 以上结果都不对

【题 9.12】下面程序段的运行结果是_____。

```
char str[ ]="ABC", * p=str;
printf( "%d\n", * (p+3) );
```

    A) 67   B) 0   C) 字符 C 的地址   D) 字符 C

【题 9.13】下面程序段的运行结果是_____。

```
char p1[ ]="abcdefgh", * p=p1;
p+=3;
printf("%d\n",strlen(strcpy(p,"ABCD")));
```

    A) 8   B) 12   C) 4   D) 7

【题 9.14】下面程序段的运行结果是_____。

```
char a[ ]="language", * p;
p=a;
while ( * p!='u') { printf("%c", * p-32); p++; }
```

    A) LANGUAGE   B) language

    C) LANG   D) langUAGE

【题 9.15】若有语句：char s1[ ]="string",s2[8]="", * s3, * s4="string2";则对库函数 strcpy 的错误调用是_____。

    A) strcpy(s1,"string2");   B) strcpy(s4,"string1");

    C) strcpy(s3,"string1");   D) strcpy(s1,s2);

【题 9.16】以下与库函数 strcpy(char * p1,char * p2)功能不相等的程序段是_____。

A) void strcpy1 (char * p1,char * p2)

    { while((* p1++=* p2++)!='\0'); }

B) void strcpy1 (char * p1,char * p2)

    { while((* p1=* p2)!='\0') { p1++; p2++; } }

C) void strcpy1 (char * p1,char * p2)

    { while (* p2) * p1++=* p2++; }

D) void strcpy1 (char * p1, char * p2)

    { while (* p1++=* p2++); }

【题 9.17】以下与库函数 strcmp(char * s,char * t)的功能相等的程序段是_____。

A) int strcmp1(char * s, char * t)

    { for (; * s++== * t++;)

          if(* s=='\0') return 0;

      return * s-* t;

    }

B) int strcmp2(char * s, char * t)

    { for (; * s++== * t++;)

        if(!* s) return 0;

      return * s-* t;

    }

C) int strcmp3(char * s, char * t)

    { for (; * t==* s;)

    { if(!* t) return 0; t++; s++; }

      return * s-* t;

    }

D) int strcmp4(char * s, char * t)

    { for (; * s== * t; s++, t++)

        if(!* s) return 0;

      return * t-* s;

    }

【题 9.18】若有说明语句,则以下不正确的叙述是_____。

```
char a[ ]="It is mine";
char * p="It is mine";
```

A) a+1 表示的是字符 t 所在存储单元的地址

B) p 指向另外的字符串时,字符串的长度不受限制

C) p 变量中存放的地址值可以改变

D) a 中只能存放 10 个字符

【题 9.19】下面程序段的运行结果是_____。

```
char s[6]; s="abcd", printf("\"%s\"\n",s);
```

A) "abcd"　　　　B) "abcd "　　　　　　C) \"abcd \"　　　D) 编译出错

【题 9.20】下面程序的功能是从输入的 10 个字符串中找出最长的一串。请选择填空。

```
#include <stdio.h>
#include <string.h>
#define N 10
int main( )
{  char str[N][81], * sp;
   int i;
   for(i=0; i<N; i++)  gets(str[i]);
   sp=【1】;
   for(i=1;i<N;i++)  if(strlen(sp)<strlen(str[i])) sp=【2】;
   printf("sp=%d,%s\n",strlen(sp),sp);
   return 0;
}
```

【1】A) str[i]　　B) &str[i][0]　　　　C) str[0]　　　　D) str[N]

【2】A) str[i]　　B) &str[i][0]　　　　C) str[0]　　　　D) str[N]

【题 9.21】下面程序的功能是将一个整数字符串转换为一个整数,如将字符串"-1234"转
换为数值-1234。请选择填空。

```
#include <stdio.h>
#include <string.h>
int chnum(char * p);
int main( )
{  char s[6]; int n;
   gets(s);
   if( * s=='-')    n=-chnum(s+1);
   else              n=chnum(s);
   printf("%d\n",n);
   return 0;
}
int chnum(char * p)
{  int num=0, k, len, j;
   len=strlen(p);
   for(  ;【1】; p++)
   {   k=【2】;
       j=(--len);
       while(【3】)  { k=k*10;}
       num=num+k;
   }
   return num;
}
```

【1】A) ＊p!='\0'   B) ＊(++p)!='\0'
    C) ＊(p++)!='\0'   D) len!=0

【2】A) ＊p   B) ＊p+'0'
    C) ＊p-'0'   D) ＊p-32

【3】A) --j>0   B) j-->0
    C) --len>0   D) len-->0

【题 9.22】 下面程序的功能是将八进制正整数字符串转换为十进制整数。请选择填空。

```
#include <stdio.h>
int main()
{   char *p, s[6]; int n;
    p=s;
    gets(p);
    n=【1】;
    while(【2】!='\0')    n=n*8+*p-'0';
    printf("%d\n",n);
    return 0;
}
```

【1】A) 0   B) ＊p   C) ＊p-'0'   D) ＊p+'0'

【2】A) ＊p   B) ＊p++   C) ＊(++p)   D) p

【题 9.23】 下面程序的功能是统计子串 substr 在母串 str 中出现的次数。请选择填空。

```
#include <stdio.h>
int count(char * str, char * substr);
int main()
{   char str[80], substr[80];
    int n;
    gets(str);  gets(substr);
    printf("%d\n",count(str,substr));
    return 0;
}
int count(char * str, char * substr)
{   int i,j,k,num=0;
    for(i=0;【1】; i++)
        for(【2】,k=0; substr[k]==str[j]; k++,j++)
            if(substr[【3】]=='\0') { num++; break; }
    return num;
}
```

【1】A) str[i]==substr[i]   B) str[i]!='\0'
    C) str[i]=='\0'   D) str[i]>substr[i]

【2】A) j=i+1   B) j=i
    C) j=0   D) j=1

【题 9.24】 下面程序的功能是在字符串 str 中找出最大的字符并放在第一个位置上，同时将该字符前的原字符往后顺序移动，如 chyab 变成 ychab。请选择填空。

```
#include <stdio.h>
int main()
{   char str[80], * p,max,* q;
    p=str; gets(p);  max= * (p++);
    while( * p!='\0')
    {   if(max< * p)  { max= * p;【1】; }
        p++;
    }
    p=q;
    while(【2】)  { * p= * (p-1);【3】; }
    * p=max;
    puts(p);
    return 0;
}
```

【1】A）p++   B）p=q   C）q=p   D）q++

【2】A）p>str B）p>=str   C）* p>str[0]   D）* p>=str[0]

【3】A）p++   B）str--   C）p--   D）i--

【题 9.25】 以下程序的功能是删除字符串 s 中的所有空格（包括 Tab 符、回车符和换行符）。请选择填空。

```
#include <stdio.h>
#include <string.h>
#include <ctype.h>
void delspace (char * p);
int main()
{   char c, s[80]; int i=0;
    c=getchar();
    while(c!='#')  { s[i]=c; i++; c=getchar(); }
    s[i]='\0';
    delspace(s);
    puts(s);
    return 0;
}
void delspace (char * p)
{   int i,t; char c[80];
    for (i=0,t=0;【1】;i++)
        if(!isspace (【2】))  c[t++]=p[i];
        c[t]='\0';
    strcpy(p,c);
}
```

【1】A) p[i]　B) !p[i]　　C) p[i]='\0' D) p[i]=='\0'

【2】A) p+i　　B) *c[i]　　C) *(p+i)　　D) *(c+i)

【题 9.26】 下面程序的功能是将字符串 s 中的内容按逆序输出,但不改变串中的内容。请选择填空。

```
#include <stdio.h>
int inverp (char * a);
int main ()
{  char s[10]="hello!";
   inverp(s);
   return 0;
}
int inverp (char * a)
{  if (【1】)  return 0;
   inverp (a+1);
   printf("%c",【2】);
}
```

【1】A) *a!='\0'　　　　　　B) *a!=NULL

　　C) !*a　　　　　　　　D) !a*==0

【2】A) *(a-1)　　　　　　B) *a

　　C) *(a+1)　　　　　　D) *(a--)

【题 9.27】 下面程序的功能是用递归法将一个整数存放到一个字符数组中,按逆序存放。如将 483 存放成 384。请选择填空。

```
#include <stdio.h>
void convert(char * a,int n)
{  int i;
   if((i=n/10)!=0)   convert(【1】,i);
   * a=【2】;
}
int main()
{  int number;
   char str[10]=" ";
   scanf("%d",&number);
   convert(str,number);
   puts(str);
   return 0;
}
```

【1】A) a++　　B) a+1　　　C) a--　　　　D) a-1

【2】A) n/10　　B) n%10　　　C) n/10+'0'　　D) n%10+'0'

【题 9.28】 下面程序的功能是用递归法将一个整数转换成字符形式输出。例如输入 483,应输出字符串"483"。请选择填空。

163 ·

```
#include <stdio.h>
void convert(int n)
{   int i;
    if((【1】)!=0)    convert(i);
    putchar(【2】+'0');
}
int main()
{   int number;
    scanf("%d",&number);
    if(number<0)  { putchar('-'); number=-number;}
    convert(number);
    return 0;
}
```

【1】A) i=n/10 B) i=n%10   C) i=n--   D) i=--n

【2】A) n   B) n/10   C) n%10   D) i%10

【题 9.29】下面程序的功能是按字典顺序比较两个字符串 s 和 t 的大小。如果 s 大于 t,则返回正值;如果 s 等于 t,则返回 0;如果 s 小于 t,则返回负值。请选择填空。

```
#include <stdio.h>
int s(char * s,char * t)
{   for( ; * s== * t;【1】)   if( * s=='\0')  return 0;
    return * s- * t;
}
int main()
{   char a[20], b[10], * p, * q;
    int i;
    p=a;   q=b;
    scanf("%s%s",a,b);
    i=s(【2】);
    printf("%d",i);
    return 0;
}
```

【1】A) s++   B) t++   C) s++;t++   D) t++,s++

【2】A) p,q   B) q,p   C) a,p   D) b,q

【题 9.30】下面程序的功能是从键盘接收一个字符串,然后按照字符顺序从小到大进行排序,并删除重复的字符。请选择填空。

```
#include <stdio.h>
#include <string.h>
int main()
{   char string[100], * p, * q, * r,c;
    printf("Please input a string:");
    gets(string);
```

```
    for(p=string; * p; p++)
    {   for( q=r=p; * q; q++)   if(【1】)   r=q;
        if(【2】)   { c= * r; * r= * p; * p=c; }
    }
    for(p=string; * p; p++)
    {   for(q=p; * p= = * q; q++) ;
        strcpy(【3】,q);
    }
    printf("result:%s\n",string);
    return 0;
}
```

【1】A) * r> * q   B) * r> * p   C) r>q   D) r>p

【2】A) r==q   B) r!=q   C) p!=q   D) r!=p

【3】A) p++   B) p   C) p-1   D) p+1

【题 9.31】下面程序的功能是将字符串 a 的所有字符传送到字符串 b 中,要求每传送 3 个字符后再存放一个空格,例如,字符串 a 为"abcdefg",则字符串 b 为 "abc def g"。请选择填空。

```
#include <stdio.h>
int main( )
{   int i,k=0;
    char a[80],b[80], * p;
    p=a;
    gets(p);
    while( * p)
    {   for(i=1;【1】; p++,k++,i++)   b[k]= * p;
        if (【2】)   { b[k]=' '; k++;}
    }
    b[k]='\0';
    puts(b);
    return 0;
}
```

【1】A) i<3   B) i<=3

　　C) i<3 && * p!='\0'   D) i<=3 && * p

【2】A) i==4   B) * p=='\0'

　　C) ! * p   D) i!=4

【题 9.32】当运行以下程序时,从键盘输入"Happy!＜回车＞",则程序的运行结果是_____。

```
#include <stdio.h>
int stre(char   str[ ]);
int main( )
```

```
{   char str[10], * p=str;
    gets(p);
    printf("%d\n",stre(p));
    return 0;
}
int stre(char str[ ])
{   int num=0;
    while( * (str+num)!='\0')   num++;
    return num;
}
```

A) 7   B) 6   C) 5   D) 10

【题 9.33】 下面程序的运行结果是_____。

```
#include <stdio.h>
int main( )
{   char a[ ]="Language", b[ ]="programe";
    char * p1, * p2; int k;
    p1=a; p2=b;
    for(k=0; k<=7; k++)
        if( * (p1+k)== * (p2+k)) printf("%c", * (p1+k));
    return 0;
}
```

A) gae   B) ga   C) Language   D) 有语法错

【题 9.34】 下面程序的运行结果是_____。

```
#include <stdio.h>
int main( )
{   int a=28,b;
    char s[10], * p;
    p=s;
    do { b=a%16;
        if(b<10)    * p=b+48;
        else        * p=b+55;
        p++;
        a=a/5;
        }while(a>0);
    * p='\0';
    puts(s);
    return 0;
}
```

A) 10   B) C2   C) C51   D) \0

【题 9.35】 下面程序的运行结果是_____。

```
#include <stdio.h>
void delch(char * s)
{   int i,j;
    char * a;
    a=s;
    for(i=0,j=0; a[i]!='\0'; i++)
        if(a[i]>='0'&&a[i]<='9')  { s[j]=a[i]; j++; }
    s[j]='\0';
}
int main( )
{   char item[ ]="a34bc";
    delch(item);
    printf("\n%s",item);
    return 0;
}
```

A) abc   B) 34   C) a34   D) a34bc

【题 9.36】下面程序的运行结果是_____。

```
#include <stdio.h>
#include <string.h>
int main( )
{   char * s1="AbDeG";
    char * s2="AbdEg";
    s1+=2;s2+=2;
    printf("%d\n",strcmp(s1,s2));
    return 0;
}
```

A) 正数   B) 负数   C) 零   D) 不确定的值

【题 9.37】执行以下程序时,若从键盘输入"My Book＜回车＞",则程序的运行结果
是_____。

```
#include <stdio.h>
char fun(char * s)
{   if(* s<='Z'&&* s>='A')   * s+=32;
    return * s;
}
int main( )
{   char c[80], * p;
    p=c;
    scanf("%s",p);
    while(* p) { * p=fun(p); putchar(* p); p++; }
    printf("\n");
    return 0;
}
```

A) mY bOOk　　　B) my book　　　C) my　　　　　　D) My Book

【题 9.38】下面程序的运行结果是_____。

```
#include <stdio.h>
#include <string.h>
void fun(char * s)
{   char a[7];
    s=a;
    strcpy(a,"look");
}
int main( )
{   char * p=NULL;
    fun(p);
    puts(p);
    return 0;
}
```

A) look□□□　　B) look　　　C) look□□　　D) 不确定的值
（□表示空格）

【题 9.39】下面程序的运行结果是_____。

```
#include <stdio.h>
#include <string.h>
void fun(char * w,int n)
{   char t, * s1, * s2;
    s1=w;
    s2=w+n-1;
    while(* s1< * s2)  {   t= * s1++;   * s1= * s2--;   * s2=t;   }
}
int main()
{   char p[50]="1738564";
    fun(p,strlen(p));
    puts(p);
    return 0;
}
```

A) 4658371　　B) 4638571　　C) 1438514　　D) 1458317

【题 9.40】下面程序的运行结果是_____。

```
#include <stdio.h>
int main( )
{   char * p,s[ ]="ABCDEFG";
    for(p=s; * p!='\0'; )
    {   printf("%s\n",p);
        p++;
        if(* p!='\0') p++;
```

```
            else  break;
    }
    return 0;
}
```

A) ABCDEFG	B) ABCDEFG	C) A	D) ABCDEFG
ABCDE	BCDEF	C	CDEFG
ABC	CDE	E	EFG
A	D	G	G

【题 9.41】 下面程序的运行结果是_____。

```
#include <stdio.h>
#include <string.h>
int main( )
{   char p1[8]="abc", * p2,str[50]="abc";
    p2="abc";
    strcpy (str+1,strcat(p1,p2));
    printf("%s\n",str);
    return 0;
}
```

A) abcabcabc   B) bcabcabc   C) aabcabc   D) cabcabc

【题 9.42】 下面程序的运行结果是_____。

```
#include <stdio.h>
void abc(char * p);
int main( )
{   char str[ ]="cdalb";
    abc(str);
    puts(str);
    return 0;
}
void abc(char * p)
{   int i,j;
    for(i=j=0; * (p+i)!='\0';i++)
        if( * (p+i)>='d') { * (p+j) = * (p+i); j++;   }
    * (p+j)='\0';
}
```

A) dalb   B) cd   C) dl   D) c

【题 9.43】 下面程序的运行结果是_____。（□表示空格）

```
#include <ctype.h>
#include <stdio.h>
#include <string.h>
void fun(char * p)
```

```
{   int i,t; char ts[81];
    for(i=0,t=0; p[i]!='\0'; i+=2)
        if (!isspace(*p+i) && (*(p+i)!='a'))
            ts[t++]=toupper(p[i]);
    ts[t]='\0';
    strcpy(p,ts);
}
int main( )
{   char str[81]={"a□b□c□d□ef□g"};
    fun(str);
    puts(str);
    return 0;
}
```

A）abcdeg   B）bcde   C）ABCDE   D）BCDE□

【题 9.44】若有定义：int a[2][3];,则对 a 数组的第 i 行第 j 列（假设 i,j 已正确说明并赋值）元素值的正确引用为_____。

A）*(*(a+i)+j)   B）(a+i)[j]

C）*(a+i+j)   D）*(a+i)+j

【题 9.45】若有定义：int a[2][3]；,则对 a 数组的第 i 行第 j 列（假设 i,j 已正确说明并赋值）元素地址的正确引用为_____。

A）*(a[i]+j)   B）(a+i)   C）*(a+j)   D）a[i]+j

【题 9.46】若有以下定义和语句,则对 a 数组元素地址的正确引用为_____。

```
int a[2][3],(*p)[3];
p=a;
```

A）*(p+2)   B）p[2]   C）p[1]+1   D）(p+1)+2

【题 9.47】若有以下定义和语句,则对 a 数组元素的正确引用为_____。

```
int a[2][3],(*p)[3];
p=a;
```

A）(p+1)[0]   B）*(*(p+2)+1)

C）*(p[1]+1)   D）p[1]+2

【题 9.48】若有定义：int (*p)[4];,则标识符 p _____。

A）是一个指向整型变量的指针

B）是一个指针数组名

C）是一个指针,它指向一个含有 4 个整型元素的一维数组

D）说明不合法

【题 9.49】以下程序的运行结果是_____。

```
#include <stdio.h>
```

```
int * f(int * x, int * y)
{   if ( * x+5< * y)   return x;
    else               return y;
}
int main( )
{   int a=7,b=8, * p, * q, * r;
    p=&a; q=&b;
    r=f(p,q);
    printf("%d,%d,%d\n", * p, * q, * r);
    return 0;
}
```

A) 7,8,8   B) 7,8,7   C) 8,7,7   D) 8,7,8

【题 9.50】以下程序的运行结果是_____。

```
#include <stdio.h>
int main( )
{   int a[ ][3]={{1,2,3},{4,5,0}},( * pa)[3],i;
    pa=a;
    for(i=0; i<3; i++)
        * ( * (pa+1)+i)= * ( * (pa+1)+i)-1;
    printf("%d\n", * ( * (pa+1)+0)+ * ( * (pa+1)+1)+ * ( * (pa+1)+2));
    return 0;
}
```

A) 7   B) 6   C) 8   D) 无确定值

【题 9.51】下面程序的运行结果是 11010,请选择填空。

```
#include <stdio.h>
int main( )
{   int b[16], x=26, k=-1, r, i ;
    do {   r=x%2;   k++;
        【1】=r;
        x=【2】;
        } while( x!=0 );
    for( i=k; i>=0; i--)   printf("%1d", * (b+i));   printf("\n");
    return 0;
}
```

【1】 A) * (b+k)   B) * (b+r)   C) * b   D) * (b+x)

【2】 A) x%r   B) x%2   C) x/r   D) x/2

【题 9.52】设有以下程序段：

```
char str[4][10]={"first","second","third","fourth"}, * strp[4];
int n;
```

```
for ( n=0; n<4; n++) strp[n]=str[n];
```

若 k 为 int 型变量且 0≤k<4，则对字符串的不正确引用是_____。

A) strp   B) str[k]   C) strp[k]   D) *strp

【题 9.53】若有定义：int * p[4]；,则标识符 p _____。

A) 是一个指向整型变量的指针

B) 是一个指针数组名

C) 是一个指针,它指向一个含有 4 个整型元素的一维数组

D) 定义不合法

【题 9.54】以下程序的运行结果是_____。

```
#include <stdio.h>
void fun(int * x,int * y)
{   printf("%d %d ", * x, * y);
    * x=3+ * y;
    * y=4+ * x;
}
int main( )
{   int x=1,y=2;
    fun(&y,&x);
    printf("%d %d",x,y);
    return 0;
}
```

A) 2 1 8 4   B) 1 2 1 2   C) 1 2 3 4   D) 2 1 1 2

【题 9.55】以下程序的运行结果是_____。

```
#include <stdio.h>
int main( )
{   char  * s="\t\1234\09abc";
    for(  ; * s!='\0';  s++)
        putchar('#');
    return 0;
}
```

A) #   B) ####   C) #####   D) ###

【题 9.56】以下程序的运行结果是_____。

```
#include <stdio.h>
void fun( int * a, int i, int j)
{   int t;
    if(i<j)
    {   t= * (a+i); * (a+i)= * (a+j); * (a+j)=t;
        fun(a,++i,--j);
    }
}
```

```
int main( )
{   int a[ ]={1,2,3,4,5,6},i;
    fun(a,1,4);
    for(i=0; i<6; i++)    printf("%d ",a[i]);
    printf("\n");
    return 0;
}
```

A) 1 5 4 3 2 6   B) 4 3 2 1 5 6

C) 4 5 6 1 2 3   D) 1 2 3 4 5 6

【题 9.57】若有以下定义,则数值不为 3 的表达式是_____。

```
int x[10]={0,1,2,3,4,5,6,7,8,9}, * p1;
```

A) x[3]   B) p1=x+3, * p1++

C) p1=x+2, * (p1++)   D) p1=x+2, * ++p1

【题 9.58】若有定义:int a[ ]={2,4,6,8,10,12,14,16,18,20,22,24}, * q[4], k ;,则下
面程序段的输出结果是_____。

```
for (k=0; k<4; k++)   q[k] =&a[k * 3];
printf ("%d\n",q[3]);
```

A) a[9]的值   B) a[3]的值   C) a[9]的地址   D) 输出项不合法

【题 9.59】若有以下定义,则正确的程序段是_____。

```
int * p, * s ,i, j;
char * q, ch ;
```

A) int main( )   B) int main( )
   { * p=100;   { p=&ch;
       ...   s=p;
   }   ...
                                      }

C) int main( )   D) int main( )
   { p=&i;   { p=&i;
     q=&ch;   q=&ch;
     p=q;   * p=40; * q= * p;
   ...   ...
   }   }

【题 9.60】下面程序的运行结果是_____。

```
#include <stdio.h>
int main( )
{  char str[4][20]={"Language", "programe","AbDeG","AbdEg"}, * q[4], k ;
   for (k=0; k<4; k++)
```

```
        q[k] =str[k];
    printf ("%s\n",q[3]);
    return 0;
}
```

A）AbDeG   B）AbdEg

C）Lang   D）输出项不合法，结果不确定

【题 9.61】设有以下定义：

```
char * cc[2]={"1234","5678"};
```

则正确的叙述是_____。

A）cc 数组的两个元素中各自存放了字符串"1234"和"5678"的首地址

B）cc 数组的两个元素分别存放的是含有 4 个字符的一维字符数组的首地址

C）cc 是指针变量，它指向含有两个数组元素的字符型一维数组

D）cc 数组元素的值分别是 1234 和 5678

【题 9.62】以下程序的运行结果是_____。

```
#include <stdio.h>
int a[3][3]={1,2,3,4,5,6,7,8,9}, * p;
void f(int * s,int p[ ][3])
{   * s= * ( * (p+1)+2); }
int main( )
{   int x;
    p=&x;
    f(p,a);
    printf("\n%d\n", * p);
    return 0;
}
```

A）1   B）4   C）7   D）6

【题 9.63】下面程序的运行结果是_____。

```
#include <stdio.h>
int main( )
{   int x[5]={2,4,6,8,10}, * p,  ** pp;
    p=x;
    pp=&p;
    printf ("%d", * (p++));
    printf ("%3d\n", ** pp);
    return 0;
}
```

A）4 4   B）2 4   C）2 2   D）4 6

【题 9.64】下面程序的运行结果是_____。

```
#include <stdio.h>
```

```
#include <stdlib.h>
void fun ( int ** a, int   p[2][3] )
{   ** a=p[1][1];   }
int main( )
{   int x[2][3]={2,4,6,8,10,12}, * p;
    p=(int *) malloc ( sizeof (int) );
    fun (&p,x);
    printf ("%d\n", * p);
    return 0;
}
```

A) 10   B) 12   C) 6   D) 8

【题 9.65】设有一个名为 file1 的 C 源程序,且已知命令行为:FILE1 CHINA BEIJING
SHANGHAI,则可得到以下运行结果的 C 源程序为_____。
CHINA BEIJING SHANGHAI

A) int main (int argc, char * argv[ ])
```
{   while ( --argc >0 )
      printf("%s%c", * ++argv, (argc>1) ? ' ' : '\n' );
    return 0;
}
```

B) int main (int argc, char * argv[ ])
```
{   while (argc-->1)
      printf("%s\n", * argv);
    return 0;
}
```

C) int main (int argc, char * argv[ ])
```
{   while ( argc >0 )
      printf("%s%c\n", * ++argv, (argc>1) ? ' ' : '\n' );
    return 0;
}
```

D) int main (int argc, char * argv[ ])
```
{   while (argc >1)
    {   ++argv;
      printf("%s\n", * argv);
      --argc;
    }
    return 0;
}
```

【题 9.66】以下正确的叙述是_____。

A) C 语言允许 main 函数带形参,且形参个数、类型和形参名均可由用户指定

B) C 语言允许 main 函数带形参,形参名只能是 argc 和 argv

C) 当 main 函数带有形参时,传给形参的值只能从命令行中得到

D) 若有说明：main(int argc,char ∗ argv),则形参 argc 的值必须大于 1

【题 9.67】main 函数的正确说明形式是_____。

A) int main (int argc, char ∗ argv)

B) int main (int abc, char ∗∗ abv)

C) int main(int argc, char argv)

D) int main (int c, char v[ ])

【题 9.68】以下程序能找出数组中的最大值和该值所在元素的下标,数组元素值从键盘输入。请选择填空。

```
#include <stdio.h>
int main()
{   int   x[10], ∗p1, ∗p2, k;
    for (k=0;k<10;k++)   scanf("%d",x+k);
    for (p1=x,p2=x;p1-x<10;p1++)
        if (∗p1>∗p2)   p2=【1】;
    printf("MAX=%d,INDEX=%d\n", ∗p2,【2】);
    return 0;
}
```

【1】A) p1   B) p2[p1]   C) x[p2]   D) x-p1

【2】A) p1-x   B) p1   C) p2-x   D) x-p2

【题 9.69】若有说明：

char ∗ language[ ]={"FORTRAN","BASIC","PASCAL","JAVA","C"};

则表达式 ∗ language[1] > ∗ language[3] 比较的是_____。

A) 字符 F 和字符 P   B) 字符串 BASIC 和字符串 JAVA

C) 字符 B 和字符 J   D) 字符串 FORTRAN 和字符串 PASCAL

【题 9.70】若有说明：

char ∗ language[ ]={"FORTRAN","BASIC","PASCAL","JAVA","C"};

则 language[2]的值是_____。

A) 一个字符   B) 一个地址

C) 一个字符串   D) 一个不定值

【题 9.71】若有说明：

char ∗ language[ ]={"FORTRAN","BASIC","PASCAL","JAVA","C "};

则以下不正确的叙述是_____。

A) language+2 表示字符串"PASCAL"的首地址

B) ∗ language[2]的值是字母 P

C) language 是一个字符型指针数组,它包含 5 个元素,每个元素都是一个指向字符串变量的指针

D) language 是一个字符型指针数组,它包含 5 个元素,其初值分别是：

"FORTRAN"、"BASIC"、"PASCAL"、"JAVA"、"C"

【题 9.72】语句 int（＊ptr)( );的含义是_____。

    A) ptr 是指向一维数组的指针变量

    B) ptr 是指向 int 型数据的指针变量

    C) ptr 是指向函数的指针,该函数返回一个 int 型数据

    D) ptr 是一个函数名,该函数的返回值是指向 int 型数据的指针

【题 9.73】若有函数 max(a,b),并且已使函数指针变量 p 指向函数 max。当调用该函数时,正确的调用方法是_____。

    A)（＊p)max(a,b);

    B) ＊pmax(a,b);

    C)（＊p)(a,b);

    D) ＊p(a,b);

【题 9.74】已有函数 max(a,b),为了让函数指针变量 p 指向函数 max,正确的赋值方法是_____。

    A) p＝max;   B) ＊p＝max;

    C) p＝max(a,b);   D) ＊p＝max(a,b);

【题 9.75】已有定义 int（＊p)( );,指针 p 可以_____。

    A) 代表函数的返回值

    B) 指向函数的入口地址

    C) 表示函数的类型

    D) 表示函数返回值的类型

【题 9.76】若有以下说明和语句:

```
char ＊language[ ]={"FORTRAN","BASIC","PASCAL","JAVA","C"};
char ＊＊q ; q=language+2;
```

则语句 printf("%o\n", ＊q);_____。

    A) 输出的是 language[2]元素的地址

    B) 输出的是字符串 PASCAL

    C) 输出的是 language[2]元素的值,它是字符串 PASCAL 的首地址

    D) 格式说明不正确,无法得到确定的输出

【题 9.77】若要对 a 进行++运算,则 a 应具有下面说明_____。

    A) int a[3][2];   B) char ＊a[ ]={"12","ab"};

    C) char（＊a)[3];   D) int b[10] ,＊a＝b;

9.2　填　空　题

【题 9.78】以下程序是用递归方法求数组中的最大值及其下标值。请填空。

```
#include <stdio.h>
#define M 10
```

```
void findmax(int * a, int n, int i, int * pk)
{  if(i<n)
    { if(a[i]>a[ * pk])  【1】;
      findmax(【2】);
    }
}
int main( )
{  int a[M], i, n=0;
   printf("\nEnter %d data :\n", M);
   for(i=0; i<M; i++) scanf("%d", a+i);
   findmax(a, M, 0, &n);
   printf("The maximum is: %d\n", a[n]);
   printf("It's index is:%d\n", n);
   return 0;
}
```

【题 9.79】以下程序的运行结果是【 】。

```
# include <stdio.h>
void swap(int * p1, int * p2)
{  int p;
   p= * p1; * p1= * p2; * p2=p;
}
int main( )
{  int a=5, b=7, * ptr1, * ptr2;
   ptr1=&a; ptr2=&b;
   swap(ptr1, ptr2);
   printf(" * ptr1=%d, * ptr2=%d\n", * ptr1, * ptr2);
   printf("a=%d, b=%d\n", a, b);
   return 0;
}
```

【题 9.80】以下程序的运行结果是【 】。

```
# include <stdio.h>
# define N  6
void  fun( int * a, int * x )
{  int i;
   for(i=0; i<3; i++)   * (x+i)=0;
   for(i=0; i<N; i++)
   {  if( * (a+i)<=100 && * (a+i)>=80 )  ( * (x+2))++;
      if( * (a+i)<=79 && * (a+i)>=60 )  ( * (x+1))++;
      if( * (a+i)<=59 )  ( * (x+0))++;
   }
}
int main( )
```

```
{ int a[N]={66,55,77,88,100,99},x[3],i;
  fun(a,x);
  for(i=0; i<3; i++)  printf("%d ", x[i]);
  return 0;
}
```

【题 9.81】以下程序的功能是：通过指针操作，找出 3 个整数中的最小值并输出。请填空。

```
#include <stdio.h>
int main()
{   int * a, * b, * c,num,x,y,z;
    a=&x; b=&y; c=&z;
    printf("Enter 3 integers: ");
    scanf("%d%d%d",a,b,c);
    printf("%d,%d,%d\n", * a, * b, * c);
    num= * a;
    if( * a> * b)  【1】;
    if(num> * c)  【2】;
    printf("Outputs the smallest integer: %d\n",num);
    return 0;
}
```

【题 9.82】请填空：

建立图 9-4 所示存储结构所需的说明语句是【1】。

建立图 9-4 所示为变量 a 输入数据的输入语句是【2】。

建立图 9-4 所示存储结构所需的赋值语句是【3】。

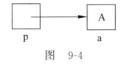

图 9-4

【题 9.83】若输入的值分别是 1,3,5,则下面程序的运行结果是【 】。

```
#include <stdio.h>
int s(int * p);
int main()
{ int a=0,i, * p,sum;
  for(i=0;i<=2;i++)
  {   p=&a;
      scanf("%d",p);
      sum=s(p);
      printf("sum=%d\n",sum);
  }
  return 0;
}
```

```
int s(int * p)
{ int sum=10;
  sum=sum+ * p;
  return sum;
}
```

【题 9.84】 以下程序的运行结果是【 】。

```
# include <stdio.h>
int sub(int * s);
int main( )
{   int i,k;
    for(i=0;i<4;i++)
    {   k=sub(&i);
        printf("%3d",k);
    }
    printf("\n");
    return 0;

}
int sub(int * s)
{   static int t=0;
    t= * s+t;
    return t;
}
```

【题 9.85】 以下程序的运行结果是【 】。

```
# include <stdio.h>
void pp(int a, int * b);
int * p;
int main( )
{   int a=1,b=2,c=3;
    p=&b;
    pp(a+c,&b);
    printf("(1) %d %d %d\n",a,b, * p);
    return 0;
}
void pp(int a,int * b)
{   int c=4;
    * p= * b+c;
    a= * p-c;
    printf("(2) %d %d %d\n",a, * b, * p);
}
```

【题 9.86】 以下程序的运行结果是【 】。

```
#include <stdio.h>
#define  M 4
void fun(int * a)
{   int i,j,k,m;
    for(i=M;i>0;i--)
    {   k= * (a+M-1);
        for(j=M-1;j>=0;j--)   * (a+j+1)= * (a+j);
        * a=k;
        for(m=0;m<M;m++)  printf("%d ", * (a+m));
        printf("\n");
    }
}
int main( )
{   int a[M]={1,2,3,4};
    fun(a);
    return 0;
}
```

【题 9.87】下面程序段的运行结果是【 】。

```
char s[80], * sp="HELLO!";
sp=strcpy(s,sp);
s[0]='h';
puts(sp);
```

【题 9.88】下面程序段的运行结果是【 】。

```
char s[20]="abcd";
char * sp=s;
sp++;
puts(strcat(sp,"ABCD"));
```

【题 9.89】下面程序段的运行结果是【 】。

```
char * s1="AbcdEf", * s2="aB";   int t;
s1++;
t=(strcmp(s1,s2)>0);
printf("%d\n",t);
```

【题 9.90】下面程序段的运行结果是【 】。

```
char a[ ]="12345", * p;
int s=0;
for (p=a; * p!='\0';p++)   s=10 * s+ * p-'0';
printf("%d\n",s);
```

【题 9.91】以下程序的运行结果是【 】。

```
#include <stdio.h>
```

```
int main( )
{   char   s[ ]="ab\'cdefg\'", * p=s+1;
    printf("%c", * (p++));
    printf("%s",p+2);
    return 0;
}
```

【题 9.92】 下面程序段的运行结果是【 】。

```
char * p="PDP1-0";
int i,d;
for(i=0; i<7; i++)
{   d=isdigit( * (p+i));
    if(d!=0)   printf("%c* ", * (p+i));
}
```

【题 9.93】 当运行以下程序时,从键盘输入   book＜回车＞
book□＜回车＞
(□表示空格),则下面程序段的运行结果是【 】。

```
char a1[80], a2[80], * s1=a1, * s2=a2;
gets(s1); gets(s2);
if(!strcmp(s1,s2))   printf(" * ");
else printf("#");
printf("%d",strlen(strcat(s1,s2)));
```

【题 9.94】 下面程序段的运行结果是【 】。

```
char a[ ]="123456789", * p;
int i=0;
p=a;
while( * p)
{   if(i%2==0) * p=' * ';
    p++; i++;
}
puts(a);
```

【题 9.95】 下面程序的功能是将字符串中从第一个数字字符开始的所有字符复制到另一
个字符数组中。请填空。

```
# include <stdio.h>
int main( )
{   char s1[80],s2[80]="", * p, * q;
    gets(s1);
    for( p=s1; * p!='\0'; p++)
        if( * p>='0' && * p<='9')【1】;
    q=s2;
    while( * p!='\0')
```

```
        {   【2】;
            p++;  q++;
        }
        【3】;
        puts(s2);
        return 0;
    }
```

【题 9.96】设有两个字符串 a、b,下面程序的功能是将 a、b 对应字符中的较大者存放在数组 c 的对应位置上,请填空。

```
#include <stdio.h>
#include <string.h>
int main()
{   int k=0;
    char a[80], b[80], c[80]={'\0'}, * p, * q;
    p=a; q=b; gets(a);  gets(b);
    while(【1】)
    {   if(【2】) c[k]= * q;
        else c[k]= * p;
        p++; q++; k++;
    }
    if( * p!=0)  strcat(c,p);
    else  strcat(c,q);
    puts(c);
    return 0;
}
```

【题 9.97】下面程序的功能是将字符串中的数字字符删除后输出。请填空。

```
#include <stdio.h>
void delnum(char * s)
{   int i,j;
    for (i=0,j=0 ;s[i]!='\0' ;i++)
      if ( s[i]<'0' 【1】 s[i]>'9')  { s[j]=s[i] ;  j++;}
    【2】;
}
int main ()
{   char item[80]="";
    printf("\ninput a string:");
    gets(item) ;
    delnum(item) ;
    printf("\n%s",【3】) ;
    return 0;
}
```

【题 9.98】 下面程序的功能是将字符串 b 复制到字符串 a。请填空。

```
# include <stdio.h>
void s(char * s,char * t)
{   int i=0;
    while(【1】) 【2】;
}
int main( )
{   char a[20],b[10];
    scanf("%s",b);
    s(【3】);
    puts(a);
    return 0;
}
```

【题 9.99】 下面程序的功能是比较两个字符串是否相等。若相等,则返回 1,否则返回 0。
请填空。

```
# include <stdio.h>
int f(char s[ ],char t[ ])
{   int i=0,j;
    while(【1】&& s[i]!='\0')   i++;
    j=【2】;
    return  j;
}
int main()
{   char a[6],b[7];   int i;
    scanf("%s%s",a,b);
    i=f(a,b);
    printf("%d",i);
    return 0;
}
```

【题 9.100】 本程序用来计算一个英文句子中最长单词的长度(字母个数)max。假设该英
文句子中只含有字母和空格,在空格之间连续的字母串称为单词,句子以.结
束。请填空。

```
# include <stdio.h>
int main( )
{   char * p,a[ ]={"I am happy ."};
    int max=0,l=0;
    p=a;
    while(* p!='.')
    {   while(((* p<='Z')&&(* p>='A'))||((* p<='z')&&(* p>='a')))
            {【1】}
        if(【2】) 【3】;
```

```
        l=0; p++;
    }
    printf("max=%d",max);
    return 0;
}
```

【题 9.101】 下面程序的功能是将两个字符串 s1 和 s2 连接起来,请填空。

```
#include <stdio.h>
void conj(char * p1,char * p2)
{  while(* p1)【1】;
    while(* p2)  { * p1=【2】;  p1++;  p2++;  }  * p1='\0';
}
int main()
{  char s1[80],s2[80];
    gets(s1);  gets(s2);
    conj(s1,s2);
    puts(s1);
    return 0;
}
```

【题 9.102】 下面程序的功能是检查字符串 s 中左括号"("的个数和右括号")"的个数。如果个数相同,函数返回 1,否则返回 0。请填空。

```
#include <stdio.h>
int check(char * s);
int main()
{  char c[80]; int d;
    gets(c);
    d=check(c);
    printf("d=%d",d);
    return 0;
}
int check(char * s)
{  int k=0,r=0;
    while(* s! ='\0')
    {if( * s=='(')  k++;
     else  if( * s==')')  r++;
     【1】;
    }
    if(【2】) return 1;
    else return 0;
}
```

【题 9.103】 下面程序的功能是将十进制正整数转换成十六进制,请填空。

```
#include <stdio.h>
```

```
#include <string.h>
void c10_16(char * p,int b);
int main()
{   int a,i,n;
    char s[20];
    printf("Input a:\n");     scanf("%d",&a);
    c10_16(s,a);
    n=【1】;
    for( i=n-1; i>=0; i--)   printf("%c", * (s+i));
    printf("\n");
    return 0;

}
void c10_16(char * p,int b)
{   int j;
    while(b>0)
    {   j=b%16;
        if(【2】)   * p=j+48;
        else   * p=j+55;
        b=b/16;
        【3】;
    }
    * p='\0';
}
```

【题 9.104】下面程序的功能是判断输入的字符串是否是"回文"(顺读和倒读都相同的字
符串称为"回文",如 level)。请填空。

```
#include <stdio.h>
#include <string.h>
int main()
{   char s[81], * p1, * p2;
    int n;
    gets(s);
    n=strlen(s);
    p1=s;
    p2=【1】;
    while(【2】)
    {   if( * p1!= * p2)   break;
        else { p1++;【3】; }
    }
    if(p1<p2) printf("No\n");
    else printf("Yes\n");
    return 0;
}
```

【题 9.105】下面程序的运行结果是【 】。

```
#include <stdio.h>
int fun(char * s)
{   char * p=s;
    while(* p) p++;
    return p-s;
}
int main( )
{   char * a="123456789";
    int i;
    i=fun(a+2);
    printf("%d",i);
    return 0;
}
```

【题 9.106】下面程序的运行结果是【 】。

```
#include <stdio.h>
int main( )
{   char * strc(char * str1,char * str2);
    char s1[80]="computer",s2[ ]="language", * pt;
    pt=strc(s1,s2);
    printf("%s\n",pt);
    return 0;
}
char * strc(char * str1,char * str2)
{   char * p;
    for(p=str1; * p!='\0'; p++);
    do{ * p++= * str2++; } while( * str2!='\0');
    * p='\0';
    return str1;
}
```

【题 9.107】当运行以下程序时,从键盘输入 this is a text.<回车>,则下面程序的运行结
果是【 】。

```
#include <stdio.h>
#define TRUE 1
#define FALSE 0
int change(char * c,int status);
int main( )
{   int flag=TRUE;
    char ch;
    do{ ch=getchar( );
        flag=change(&ch,flag);
        putchar(ch);
    }while(ch!='.');
```

```
        printf("\n");
        return 0;
    }
    int change(char * c,int status)
    {   if ( * c==' ')   return TRUE;
        else {   if (status && * c<='z' && * c>='a') * c+='A'-'a';
                  return FALSE;
             }
    }
```

【题 9.108】 下面程序的运行结果是【 】。

```
#include <stdio.h>
#define   N   5
int fun(char * s, char a, int n)
{   int j;
    * s=a;   j=n;
    while ( * s<s[j]) j--;
    return j;
}
int main()
{   char c[N+1];
    int i;
    for(i=1; i<=N; i++)    * (c+i)='A'+i+1;
    printf("%d\n",fun(c,'E',N));
    return 0;
}
```

【题 9.109】 下面程序的运行结果是【 】。

```
#include <stdio.h>
#include <string.h>
void fun(char * p1, char * p2, int n)
{   int i;
    for(i=0;i<n;i++)   p2[i]=(p1[i]-'A'-3+26)%26+'A';
    p2[n]='\0';
}
int main()
{   char s1[5],s2[5];
    strcpy(s1,"ABCD");
    fun(s1,s2,4);
    puts(s2);
    return 0;
}
```

【题 9.110】 以下程序运行时,从键盘依次输入如下字符串,该程序先后输出字符串 area 和 bed,请填空。

control<回车>

area<回车>

cat<回车>

bed<回车>

−1<回车>

```
#include <stdio.h>
int main()
{   char s[80], * p;
    p=s;
    gets(p);
    while(【1】)
    {   if(【2】)   puts(p);
        gets(p);
    }
    return 0;
}
```

【题 9.111】 运行以下程序时,从键盘输入   apple<回车>

cat<回车>

则下面程序的运行结果是【 】。

```
#include <stdio.h>
int main( )
{   char * s, c[80];
    s=c;
    gets(s);
    while((* (++s))!='\0')
        if(* s=='a')  break;
        else { s++; gets(s); }
    puts(s);
    return 0;
}
```

【题 9.112】 下面程序的运行结果是【 】。

```
#include <stdio.h>
#define SIZE 12
void sub(char * a,int t1,int t2);
int main( )
{   char s[SIZE]; int i;
    for(i=0; i<SIZE; i++)  s[i]='A'+i+32;
    sub(s,7,SIZE-1);
```

```
        for(i=0; i<SIZE; i++)  printf("%c",s[i]);
        printf("\n");
        return 0;
    }
    void sub(char * a,int t1,int t2)
    {   char ch;
        while(t1<t2)
        {   ch= * (a+t1);
            * (a+t1)= * (a+t2);
            * (a+t2)=ch;
            t1++;   t2--;
        }
    }
```

【题 9.113】 下面程序的运行结果是【 】。

```
        #include <stdio.h>
        int main( )
        {   char a[80],b[80], * p="aAbcdDefgGH";
            int i=0,j=0;
            while( * p!='\0')
            {   if( * p>='a' && * p<='z')  { a[i]= * p; i++; }
                else { b[j]= * p; j++; }
                p++;
            }
            a[i]=b[j]='\0';
            puts(a); puts(b);
            return 0;
        }
```

【题 9.114】 运行以下程序时,从键盘输入 6,则下面程序的运行结果是【 】。

```
        #include <stdio.h>
        void fun(char * a,char b);
        int main( )
        {   char s[ ]="97531",c;
            c=getchar( );
            fun(s,c);
            puts(s);
            return 0;
        }
        void fun(char * a,char b)
        {   while( * (a++)!='\0');
            while( * (a-1)<b)   * (a--)= * (a-1);
            * (a--)=b;
        }
```

【题 9.115】运行以下程序时，从键盘输入 abcdabcdef＜回车＞

cde＜回车＞

则下面程序的运行结果是【 】。

```
#include <stdio.h>
int fun(char * p,char * q);
int main()
{   int a;   char s[80],t[80];
    gets(s);   gets(t);
    a=fun(s,t);
    printf("a=%d\n",a);
    return 0;
}
int fun(char * p, char * q)
{   int i;
    char * p1=p, * q1;
    for( i=0 ; * p!='\0'; p++, i++)
    {   p=p1+i;
        if( * p!= * q)   continue;
        for( q1=q+1, p=p+1; * p!='\0'&& * q1!='\0'; q1++, p++)
            if( * p!= * q1)   break;
        if( * q1=='\0')   return i;
    }
    return -1;
}
```

【题 9.116】下面程序的运行结果是【 】。

```
#include <stdio.h>
#include <string.h>
int main()
{   int i=0,n=0; char s[80], * p;
    p=s;
    strcpy(p, "It is a book.");
    for( ; * p!='\0'; p++)
        if( * p==' ')   i=0;
        else if( i==0 )   { n++; i=1; }
    printf("n=%d\n", n);
    return 0;
}
```

【题 9.117】运行以下程序时，从键盘输入 ASDFGHJ＜回车＞

AFH＜回车＞

则下面程序的运行结果是【 】。

```
#include <stdio.h>
```

```
void fun(char * s1,char * s2);
int main( )
{   char a1[80],a2[80];
    gets(a1);    gets(a2);
    fun(a1,a2);
    puts(a1);
    return 0;
}
void fun(char * s1,char * s2)
{   int j; char * s=s1;
    for( ; * s2!='\0'; s2++)
    {   for(j=0,s1=s; * s1!='\0' ; s1++)
            if( * s1!= * s2) { s[j]= * s1;    j++; }
        s[j]='\0';
    }
}
```

【题 9.118】 程序运行时,从键盘输入 abcdef 和 ABCD,则下面程序的运行结果是【】。

```
#include <stdio.h>
int fun(char * a, char * b)
{   int na=0, nb=0;
    while( * (a+na)! ='\0')  na++;
    while( * (b+nb)! ='\0')  nb++;
    return  na+nb;
}
int main()
{   char  s1[81],s2[81], * p1=s1, * p2=s2;
    gets(p1);   gets(p2);
    printf("%d\n",fun(p1,p2));
    return 0;
}
```

【题 9.119】 以下程序的功能是【1】,运行结果是【2】。

```
#include <stdio.h>
void fib(int n,int * s);
int main( )
{   int x;
    fib(7,&x);
    printf("\nx=%d\n",x);
    return 0;
}
void fib(int n,int * s)
{   int f1,f2;
    if(n==1 || n==2) * s=1;
```

```
        else {   fib(n-1,&f1);
                 fib(n-2,&f2);
                 * s=f1+f2;
              }
        }
```

【题 9.120】 以下程序的运行结果是【 】。

```
#include <stdio.h>
int main( )
{   char * str[ ]={"ENGLISH","MATH","MUSIC","PHYSICS","CHEMISTRY"};
    char    ** q;
    int    num;
    q=str;
    for( num=1; num<5; num+=2 )
        printf("%s\n", * (q++));
    return 0;
}
```

【题 9.121】 以下程序的运行结果是【 】。

```
#include <stdio.h>
int main( )
{   int a[10]={19,23,44,17,37,28,49,36}, * p;
    p=a;
    p+=3;
    printf("%d\n", * p+3);
    return 0;
}
```

【题 9.122】 程序运行后，prnt 函数共输出【1】行，最后一行有【2】个数。

```
#include <stdio.h>
void prnt(int n,int * aa)
{   int i;
    for(i=0;i<n;i++)
    {   printf("% 6d", * (aa+i));
        if (!(i%5)) printf("\n");
    }
    printf("\n");
}
int main( )
{   int a[ ]={1,2,3,4,5,6,7,8,9,10,11,12,13,14,15,16,17,18,19,20,21,22,23,24};
    prnt(24,a);
    return 0;
}
```

【题 9.123】 以下程序的运行结果是【 】。

```c
#include <stdio.h>
void fun(int * n)
{ while((* n)--);
  printf("\n%d", * n);
}
int main()
{ int a=10;
  fun(&a);
  return 0;
}
```

【题 9.124】 以下程序的运行结果是【 】。

```c
#include <stdio.h>
void  fun( int  * b, int  n , int  * s)
{   int   i;
    * s=0;
    for( i=1; i <=n; i++)     * s= * s+ * (b+i);
}
int main()
{   int x=1, a[ ]={2,3,4,5,6};
    fun( a, 3 , &x);
    printf("\n%d", x );
    return 0;
}
```

【题 9.125】 以下程序的运行结果是【 】。

```c
#include <stdio.h>
int find( int   * a, int n, int   x )
{   int   * p=a;
    while( p<a+n && * p !=x )   p++;
    if ( p<a+n )   return   p-a;
    else   return  -1;
}
int main()
{   int a[10]={1,2,3,4,5,6,7,8,9,10};
    int x=4;
    printf("\n%d\n",find(a,10,x));
    return 0;
}
```

【题 9.126】 以下程序的运行结果是【 】。

```c
#include <stdio.h>
int func ( int a, int b ,int * c)
{   a++;
```

```
        b=b+2;
        * c=a+b;
        return b;
}
int main( )
{   int  x=1, y=1, z=1;
    y=func ( x , y , &z );
    printf ("\n%d %d %d", x,y,z );
    return 0;
}
```

【题 9.127】若有以下定义和语句：

```
int   * p[3], a[6], i;
for ( i=0;i<3;i++)   p[i]=&a[2 * i];
```

则 * p[0] 引用的是 a 数组元素【1】，* (p[1]＋1) 引用的是 a 数组元素【2】。

【题 9.128】以下程序段通过移动指针变量 m，将图 9-5 所示的连续动态存储单元的值，从第一个元素起依次输出到终端屏幕。请填空。（假设程序段中的所有变量均已正确说明。）

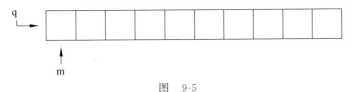

图 9-5

```
for( m=q; m-q<10; m++) printf("%d, ",【 】); printf("\n");
```

【题 9.129】以下程序段通过指针变量 q，给图 9-6 所示的连续动态存储单元赋值（在此过程中不能移动 q）。请填空。（假设程序段中的所有变量均已正确说明。）

图 9-6

```
【 】   scanf("%d", q+k );
```

【题 9.130】以下程序段通过移动指针变量 m，给图 9-7 所示的连续动态存储单元赋值。请填空。（假设程序段中的所有变量均已正确说明。）

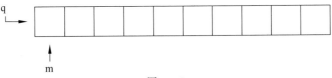

图 9-7

195

```
for( k=0; k<10; k++,m++) scanf("%d",【 】);
```

【题 9.131】 以下程序段通过指针变量 q ,但不移动 q,将图 9-8 所示的连续动态存储单元的值,从第一个元素起依次输出到终端屏幕。请填空。(假设程序段中的所有变量均已正确说明。)

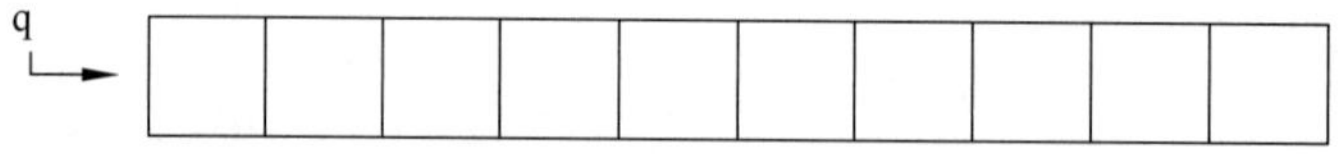

图　9-8

```
for( k=0; k<10; k++) printf("%d, ",【 】); printf("\n");
```

【题 9.132】 若有定义：int a[ ]={2,4,6,8,10,12,14,16,18,20,22,24}, * q[3], k;,则下面程序段的输出是【 】。

```
for ( k=0;k<3;k++)   q[k]=&a[k * 4];
printf ( "%d\n",q[2][3] );
```

【题 9.133】 以下程序的运行结果是【 】。

```
#include <stdio.h>
#define N 9
void  fun(int * a,int * max,int * min )
{ int i;
  * max= * min= * (a+0);
  for( i=1; i<N; i++)
  {   if( * max< * (a+i) )   * max= * (a+i);
      if( * min> * (a+i) )   * min= * (a+i);
  }
}
int main( )
{ int a[N]={76,78,45,90,34,52,12,66,38},max,min;
  fun(a, &max, &min);
  printf("max=%d,min=%d\n",max,min);
  return 0;
}
```

【题 9.134】 以下程序的运行结果是【 】。

```
#include <stdio.h>
int main( )
{   int   x[ ]={ 1,2,3,4,5 }, y=0, i, * p;
    p=&x[3];
    for ( i=0; i<=3; i++)
    {   y=y+ * p ;
        p--;
    }
```

```
        printf("%d\n", y );
        return 0;
    }
```

【题 9.135】以下程序的运行结果是【　】。

```
#include <stdio.h>
#define  N  6
void fun( int * a )
{   int i,t;
    t= * (a+1);
    for(i=0; i<N-1; i++)    * (a+i)= * (a+i+1);
    * (a+i)=t;
}
int main( )
{   int a[N]={11,66,33,77,55,99},i;
    printf("\n");
    fun(a);
    for(i=0; i<N; i++)  printf("%d ", a[i]);
    return 0;
}
```

【题 9.136】若有以下定义和语句,则在程序中引用数组元素 x[i]的 4 种形式是【1】、【2】、【3】和 x[i]。(假设 i 已正确说明并赋值)

```
int x[10], * p ; p=x;
```

【题 9.137】若有定义:int m[10][6];,则在程序中引用数组元素 m[i][j]的 4 种形式是【1】、【2】、【3】和 * (* (m+i)+j)。(假设 i、j 已正确说明并赋值)

【题 9.138】若有以下定义和语句,在程序中可通过指针数组 p,用 * (p[i]+j) 等 4 种形式引用数组元素 s[i][j],另 3 种形式分别是【1】、【2】和【3】。(假设 i、j 已正确说明并赋值。)

```
int   s[10][6], * p[10];
for(i=0; i<10; i++) p[i]=s[i];
```

【题 9.139】若有以下定义和语句,则在程序中可通过指针 pt,用 * (pt[i]+j)等 4 种形式引用数组元素 x[i][j],另 3 种形式分别是【1】、【2】和【3】。(假设 i、j 已正确说明并赋值)

```
int   x[10][6], ( * pt)[6];
pt=x;
```

【题 9.140】以下程序的运行结果是【　】。

```
#include <stdio.h>
#define  N  7
```

```
int fun( int * a, int * x )
{   int i, j=0;
    for(i=0; i<N; i++)
        if( * (a+i)<60 )   { * (x+j) = * (a+i);   j++; }
    return j;
}
int main( )
{   int a[N]={22,99,44,66,55,88,33},x[N],i,k;
    k=fun(a,x);
    for(i=0; i<k; i++)   printf("%d  ", x[i]);
    printf("\n");
    return 0;
}
```

【题 9.141】下面程序的功能是求矩阵 A 的转置矩阵 B,并按矩阵形式打印出两个矩阵。
请填空。

```
#include <stdio.h>
int main( )
{   int a[2][3]={1,2,3,4,5,6}, b[3][2];
    int (* p)[3],(* q)[2],i,j;
    p=a;q=b;
    for(i=0;i<2;i++)
        for(j=0;j<3;j++)
            【1】;
    p=a;
    for(i=0;i<2;i++)
    {   for(j=0;j<3;j++)   printf("%4d ",【2】);
        printf("\n");
    }
    q=b;
    for(i=0;i<3;i++)
    {   for(j=0;j<2;j++)   printf("%4d ",【3】);
        printf("\n");
    }
    return 0;
}
```

【题 9.142】以下程序的运行结果是【 】。

```
#include <stdio.h>
void fut(int ** s, int p[2][3] )
{   ** s= * (* (p+1)+1);    }
int main( )
{   int a[2][3]={1,3,5,7,9,11}, * p,x;
    p=&x;
```

```
        fut(&p,a);
        printf("\n%d\n", * p);
        return 0;
    }
```

【题 9.143】 下面程序可求出图 9-9 中方括号内的元素之积，请填空。

```
#include <stdio.h>
int main( )
{   int x[3][3]={7,2,1,3,4,8,9,2,6};
    int s, * p;
    p=【1】;
    s= * p *【2】;
    printf("product=%d",s);
    return 0;
}
```

[7]	2	1
3	[4]	8
9	2	[6]

图 9-9

【题 9.144】 下面程序的运行结果是【 】。

```
#include <stdio.h>
int main( )
{   int x[ ]={0,1,2,3,4,5,6,7,8,9};
    int s,i, * p;
    s=0;
    p=&x[0];
    for(i=1;i<10;i+=2)
        s+= * (p+i);
    printf("sum=%d",s);
    return 0;
}
```

【题 9.145】 以下程序的运行结果是【 】。

```
#include <stdio.h>
#define N 6
void YH(int ( * x)[N])
{   int i,j;
    ( * x)[0]=1;
    for(i=1; i<N; i++)
    {   ( * (x+i))[0]=( * (x+i))[i]=1;
        for(j=1; j<i; j++)
            ( * (x+i))[j]=( * (x+i-1))[j-1]+( * (x+i-1))[j];
    }
}
int main( )
{   int x[N][N],i,j;
    YH(x);
    for(i=0; i<N; i++)
```

```
        {   for(j=0; j<=i; j++) printf("%4d",x[i][j]);
            printf("\n");
        }
        return 0;
    }
```

【题 9.146】 若有以下输入(□表示空格),则下面程序的运行结果是【 】。

7□8□5□4□6□7□9□10□3□2□0□4□-1<回车>

```
#include <stdio.h>
int main()
{   int b[51],i,n=1,p, * q=b+1;
    scanf("%d",q);
    while(* q>-1){ q++;  n++;  scanf("%d",q);  }
    p=1;
    for(i=2;i<=n;i++)   if(* (b+i)> * (b+p))  p=i;
    printf("p=%2d, b[%1d]=%3d\n",p,p, * (b+p));
    return 0;
}
```

【题 9.147】 以下程序将数组 a 中的数据按逆序存放。请填空。

```
#include <stdio.h>
#define  M  8
int main()
{   int a[M], i, j, t ;
    for( i=0; i<M; i++)  scanf("%d", a+i );
    i=0;   j=M-1;
    while ( i <j )
    {   t= * (a+i);【1】; * (【2】)=t;
        i++; j--;
    }
    for( i=0; i<M ; i++) printf("%3d", * (a+i));
    return 0;
}
```

【题 9.148】 以下程序在 a 数组中查找与 x 值相同的元素的所在位置。请填空。

```
#include <stdio.h>
int main()
{   int a[11], x, i ;
    printf("Enter 10 integers :\n");
    for( i=1; i<=10; i++)  scanf("%d",a+i );
    printf("Enter x : ");  scanf("%d", &x);
    * a=【1】; i=10;
    while (x != * (a+i))
          【2】;
```

```
    if (【3】)   printf("%5d 's position is : %4d\n", x, i );
    else       printf("%d Not been found !\n", x );
    return 0;
}
```

【题 9.149】 程序运行后,数组 a 将按每行 5 个元素输出,请填空。

```
#include <stdio.h>
int main( )
{  int a[100], * p;
   int i,n,k;
   printf ("Enter an integer value (n<100) ");
   scanf("%d", &n);
   printf ("Enter %d integer values to the array a : ",n);
   for( i=0; i<n; i++)
       scanf("%d",a+i);
   k=【1】;
   for(p=a;【2】; p++,k++)
   {
       if (【3】)
             printf("\n");
       printf("%3d", * p);
   }
   return 0;
}
```

【题 9.150】 假设 a 数组中的数据已按由小到大的顺序存放,以下程序可把 a 数组中相
           同的数据删得只剩一个,然后以每行 4 个数据的格式输出 a 数组。请
           填空。

```
#include <stdio.h>
#define M 10
int main( )
{  int a[M],i,j,n;
   for (i=0;i<M;i++)   scanf("%d",a+i);
   n=i=M-1;
   while (i>=0)
   {  if( * (a+i)== * (a+i-1))
      {  for( j=【1】; j<=n ; j++) * (a+j-1)= * (【2】);
         .  n--;
      }
      i--;
   }
   for(i=1;i<=n+1;i++)
   {  printf("%4d", * (【3】));
      if(i%4==0)   printf("\n");
```

```
        }
        printf("\n");
        return 0;
    }
```

【题 9.151】 以下程序的运行结果是【 】。

```
#include <stdio.h>
int main( )
{   int b[3][2]={2,4,6,8,10,12};
    int * a[2][3], ** q,k,i,j;
    for(i=0;i<2;i++)
        for(j=0;j<3;j++)
            a[i][j]= * (b+j)+i;
    q=a[0];
    for(k=0;k<6;k++)
    { printf("%d ", ** q);
      q++;
    }
    return 0;
}
```

【题 9.152】 若有以下输入(□表示空格),则下面程序的运行结果是【 】。

5□4□3□6<回车>

2□4□6□8<回车>

5□4□3□2<回车>

9□8□7□6<回车>

```
#include <stdio.h>
#define  M  4
int main( )
{   int   a[M][M], s[M], i, j;
    for( i=0; i<M; i++)
        for( j=0; j<M; j++) scanf("%d", * (a+i)+j);
    for( i=0; i<M; i++)
    {   * (s+i)= * ( * (a+i));
        for( j=1; j<M; j++)
            if ( * (s+i) < * ( * (a+i)+j))   * (s+i)= * ( * (a+i)+j);
    }
    for( i=0; i<M; i++)
    {   printf("Row=%2d  Max=%5d", i , * (s+i));
        printf("\n");
    }
    return 0;
}
```

【题 9.153】 以下程序可分别求出方阵 a 中两个对角线上元素之和。请填空。

```c
#include <stdio.h>
#define N   6
int main()
{   int a[N][N],i,j,k,pr1,pr2;
    for(i=0;i<N;i++)
        for(j=0;j<N;j++) scanf("%d", * (a+i)+j);
    k=N;
    pr1=0;pr2=0;
    for(i=0;i<N;i++)
    {   pr1=【1】+( * ( * (a+i)+i));
        k=【2】;
        pr2=【3】+( * ( * (a+i)+k));
    }
    printf("pr1=% 4d pr2=% 4d\n",pr1,pr2);
    return 0;
}
```

【题 9.154】 以下程序找出二维数组 a 中每列的最大值,并按一一对应的顺序放入一维数组 s 中。即:第零列中的最大值放入 s[0] 中,第一列中的最大值放入 s[1] 中……然后输出每列的列号和最大值。请填空。

```c
#include <stdio.h>
#define M   4
int main()
{   int  a[M][M], s[M], i, j;
    for( i=0; i<M; i++)
        for( j=0; j<M; j++)  scanf("%d", * (a+i)+j);
    for( j=0;   j<M; j++)
    {   * (s+j) =【1】;
        for( i=1; i<M; i++)
            if ( * (s+j)<【2】)
                    * (s+j) =【3】;
    }
    for( i=0; i<M; i++)
    {   printf("Column =% 2d   Max =% 5d", i , * (s+i));
        printf("\n");
    }
    return 0;
}
```

【题 9.155】 以下程序把一个十进制整数转换成二进制数,并把此二进制数的每一位放在一维数组 b 中,然后输出 b 数组。(注意:二进制数的最低位放在数组的第一个元素中)请填空。

```
#include <stdio.h>
int main( )
{   int b[16], x, k, r, i ;
    printf("Enter an integer :\n");
    scanf("%d", &x );
    printf("%6d's binary number is : ", x);
    k=-1;
    do
    {   r=x%2;
        k++;
        * (【1】)=r;
        x/=2;
    }while (【2】);
    for( i=k; i>=0; i--)   printf("%1d", * (【3】));
    printf("\n");
    return 0;
}
```

【题 9.156】 以下程序给方阵 a 中所有边上的元素和两个对角线上的元素置 1,其他元素置 0。要求对每个元素只置一次值,最后按矩阵形式输出 a。请填空。

```
#include <stdio.h>
int main( )
{   int a[10][10];
    int i,j=9;
    for(i=0;i<10;  【1】)
    {   a[i][i]=1;   * ( * (a+i)+j)=1; }
    for(i=1;i<9;i++)   * ( * a+i)=1;
    for(i=1;i<9;i++)   * (【2】)=1;
    for(i=8;i>0;i--)   * ( * (a+9)+【3】)=1;
    for(i=8;i>0;i--)   * ( * (a+i)+9)=1;
    for(i=1;i<=8;i++)
        for(j=1;j<=8;j++)
            if( * ( * (a+i)+j)!=1)   * ( * (a+i)+j)=0;
    for(i=0;i<10;i++)
    {   for(j=0;j<10;j++)  printf("%2d", * ( * (a+i)+j));
        printf("\n");
    }
    return 0;
}
```

【题 9.157】 以下程序对数组 a 中的数据进行降序排序。请填空。

```
#include <stdio.h>
#define N 10
int main( )
```

```
{   int a[N],i,j,k;
    k=N;
    printf("Enter  %2d data  that  will be sorted :\n", k );
    for(i=0;i<N;i++)   scanf("%d",a+i);
    for(k=1; 【1】; k++)
        for(i=0;i<N-k;i++)
            if ( * (a+i)< * (a+i+1))
            {  j= * (a+i); * (a+i) = * (【2】); * (【3】)=j; }
    for (i=0;i<N;i++)  printf((i%4)?"%4d":"%4d", * (a+i));
    printf("\n");
    return 0;
}
```

【题 9.158】 若有以下输入(□表示空格),则下面程序的运行结果是【 】。

15□12□4□8□20□9□2□6□5□12＜回车＞

```
#include <stdio.h>
int main( )
{   int  a[10], i, j, k , t;
    printf("Enter 10 integers :\n");
    for( i=0; i<10; i++)  scanf("%d",a+i);
    for( j=0; j<9; j++)
    {   k=j;
        for( i=j+1; i<10; i++) if ( * (a+i)> * (a+k)) k=i;
        t=a[j] ; * (a+j) = * (a+k); * (a+k)=t;
    }
    for( i=0; i<10; i++)  printf( ( i%5)? "%4d" : "\n%4d", * (a+i));
    printf("\n");
    return 0;
}
```

【题 9.159】 程序运行时,从键盘输入 abcdef 和 ABCD,下面程序的运行结果是【 】。

```
#include <stdio.h>
void fun(char * a, char * b)
{   int na=0;
    while( * (a+na)! ='\0') { na++;}
    while( *b! ='\0')
      { * (a+na) = *b; na++; b++; }
    * (a+na)='\0';
}
int main()
{   char  s1[81],s2[81], * p1=s1, * p2=s2;
    gets(p1);   gets(p2);
    fun(p1,p2);
    printf("%s",p1);
```

```
        return 0;
    }
```

【题 9.160】以下程序的运行结果是【 】。

```
#include <stdio.h>
int aa[3][3]={{2},{4},{6}};
int main( )
{   int i, * p=&aa[0][0];
    for(i=0;i<2;i++)
        if (i==0)   aa[i][i+1]= * p+1;
        else        ++p;
    printf("%d", * p);
    return 0;
}
```

【题 9.161】若有以下输入(□表示空格),则下面程序的运行结果是【 】。

9<回车>

5□12□7□3□2□9□20□15□6<回车>

5<回车>

6<回车>

```
#include <stdio.h>
int main( )
{   int   a[11], k, x, i, n ;
    printf("Enter n (n<10) : ");    scanf("%d", &n);
    printf("Enter %2d integers :\n", n);
    for( i=1; i<=n; i++)    scanf("%d",&a[i]);
    printf("Enter a location for the inserted data :\n");
    scanf("%d", &k);
    printf("Enter an inserted data :\n");
    scanf("%d", &x);
    if ((k>0) && (k<=n+1))
    {   for( i=n; i>=k; i--)
            * (a+i+1) = * (a+i);
        * (a+k)=x;
        n++;
    }
    printf (" The integers that have been inserted are :\n");
    for ( i=1; i<=n; i++)    printf("%4d", * (a+i));
    printf("\n");
    return 0;
}
```

【题 9.162】若有以下输入,则下面程序的运行结果是【 】。

basic<回车>

fortran<回车>

pascal<回车>

c++<回车>

java<回车>

```c
#include <stdio.h>
#include <string.h>
int main( )
{   int j , k;
    char * qstr[5],str[5][40], * change;
    for ( k=0;k<5;k++)    qstr[k]=str[k];
    printf("enter 5 strings(1 string on each line)\n");
    for ( k=0;k<5;k++)    scanf ("%s",qstr[k]);
    for ( k=0; k<5; k++)
    {   for (j=k+1; j<5;j++)
        {   if (strcmp( * (qstr+k), * (qstr+j))>0)
            {   change= * (qstr+k);
                * (qstr+k)= * (qstr+j);
                * (qstr+j)=change;
            }
        }
    }
    printf("The sorted strings are :\n");
    for ( k=0;k<5;k++)    printf("%s\n",qstr[k]);
    return 0;
}
```

【题 9.163】下面程序将通过指针 q 逐行输出由 language 数组元素所指向的 5 个字符串。
请填空。

```c
#include <stdio.h>
int main( )
{   char * language[ ]={ "BASIC","FORTRAN","PROLOG","JAVA","C++"};
    char   * * q;
    int k;
    for ( k=0;k<5;k++)
    {   q=【1】;
        printf("%s\n",【2】);
    }
    return 0;
}
```

【题 9.164】设有 5 个学生,每个学生考 4 门课,以下程序将通过指针 p 检查这些学生有无
考试不及格的课程。若某一学生有一门或一门以上课程不及格,就输出该学
生的序号(序号从 0 开始)和其全部课程成绩。请填空。

```
#include <stdio.h>
int main( )
{  int   score[5][4]={{62,87,67,95}, {95,85,98,73},{66,92,81,69},
                                     {78,56,90,99},{60,79,82,89}};
   int (*p)[4],j,k,flag;
   p=score;
   for ( j=0;j<5;j++)
   { flag=0;
     for (k=0;k<4;k++)
         if (【1】) flag=1;
     if ( flag==1)
     {  printf("No. %d is fail, scores are : \n",j);
        for (k=0;k<4;k++)
            printf("%5d",【2】);
        printf("\n");
     }
   }
   return 0;
}
```

【题 9.165】 若想输出 b 数组的 10 个元素,则下面存在错误的程序行是【 】。(每个程序行前面的数字代表行号。)

```
1  int main ( )
2  {   int b[10]={ 1,3,5,7,9,2,4,6,8,10}, k ;
3     for ( k=0; k<10; k++, b++)
4         printf( "%4d", *b );
5     return 0;
6  }
```

【题 9.166】 下面程序的输出结果是【 】。

```
#include <stdio.h>
int main( )
{   int b[6]={2,4,6,8,10,12}, *a[6];
    int **q , k;
    for (k=0;k<6;k++)   a[k]=&b[k];
    q=&a[0];
    for (k=0; k<6; k++)
    {  printf("%4d", **q);
       q++;
    }
    return 0;
}
```

【题 9.167】 若以下 main 函数经过编译、连接后得到的可执行文件名为 file1.exe,在系统

命令状态下输入命令行：file1 beijing shanghai＜回车＞,则可得到的输出是
【 】。

```
#include <stdio.h>
int main (int argc, char * argv[ ] )
{   while (argc >1 )
    {   ++argv;
        printf("%s\n", * argv);
        --argc;
    }
    return 0;
}
```

【题 9.168】 设有以下 main 函数,经过编译、连接后得到的可执行文件名为 file1.exe,且已知在系统命令状态下输入命令行 file1 beijing shanghai＜回车＞后得到的输出是：beijing

　　　　shanghai

请填空。

```
#include <stdio.h>
int main (int argc, char * argv[ ] )
{   while (【1】)
    {   ++argv;
        printf("%s\n",【2】);
        --argc;
    }
    return 0;
}
```

【题 9.169】 设 main 函数的说明为：int main (int argc, char * argv[ ]),且有命令行为：FILE1 1 2 3＜回车＞,则 argc 的值是【1】,argv[1]的值是【2】。

【题 9.170】 设有以下 main 函数,它所在的文件名为 file1。

```
#include <stdio.h>
#include <ctype.h>
int main (int argc,char * argv[ ])
{   char * str;
    int num=0;
    if(argc<2)   return 0;
    str=argv[1];
    while( * str)
        if(isalpha( * str++))   num++;
    printf ("\nThe count is :%d\n",num);
    return 0;
}
```

若输入的命令行参数为：

file1 1234abc＜回车＞

则执行以上命令行后得到的输出结果是【 】。

【题 9.171】下面程序的运行结果是【 】。

```
# include <stdio.h>
int main( )
{   char * str[ ]={"Pascal","C language","Dbase","Cobol"};
    char ** p;
    int k;
    p=str;
    for(k=0;k<4;k++)   printf("%s\n", * (p++));
    return 0;
}
```

【题 9.172】下面程序的运行结果是【 】。

```
# include <stdio.h>
void p(char * a[ ],int num);
int main( )
{   char * a[ ]={"English","Physics","Maths","Pascal","Chemistry"};
    int num;
    num=5;
    p(a,num);
    return 0;
}
void p(char * a[ ],int num)
{   int i;
    for(i =num-1;i>=0;i--)
        printf ("%s   ",a[i]);
}
```

【题 9.173】下面程序的运行结果是【 】。

```
# include <stdio.h>
# include <stdlib.h>
int main()
{   int * p[5];
    int * ptr, i;
    ptr=(int * ) malloc(10 * sizeof(int));
    for( i=0;i<10;i++)
        * (ptr+i)=i;
    p[0]=ptr;
    for(i=1;i<5;i++)
        p[i]=p[i-1]+2;
    for(i=0;i<5;i++)
```

```
        printf("%3d", * p[i]);
    return 0;
}
```

【题 9.174】 下面程序的运行结果是【 】。

```
#include <stdio.h>
void amov(int * p,int ( * a)[3],int n)
{   int i,j,s=0;
    for(i=0;i<n;i++)
        for(j=0;j<n;j++)
        {   *p=( * (a+i))[j];
            s=s+ * p;
            p++;
        }
    printf("\ns=%d",s);
}
int main( )
{   int * p,a[3][3]={{1,3,5},{2,4,6}};
    p=&a[0][0];
    amov(p,a,3);
    return 0;
}
```

【题 9.175】 已定义函数 findbig 的功能为求 3 个数中的最大值。以下程序的功能是利用
函数指针调用 findbig 函数。请填空。

```
#include <stdio.h>
int main( )
{   int findbig(int,int,int);
    int ( * f)(int,int,int),x,y,z,big;
    f=【1】;
    scanf("%d%d%d",&x,&y,&z);
    big=(【2】)(x,y,z);
    printf("big=%d\n",big);
    return 0;
}
```

【题 9.176】 以下程序通过指针数组 p 和一维数组 a 构成如下的二维数组的左下半三角结
构,然后输出。请填空。

```
1
6    7
11   12   13
16   17   18   19
21   22   23   24   25
```

```
#include <stdio.h>
#define  M  5
#define NUM (M+1) * (M)/2
int main( )
{  int  a[NUM], * p[M],  i, j, index, n;
    for ( i=0; i<M; i++)
    {  index=i * (i+1)/2;
        p[i]=【1】;
    }
    for (i=0;i<M;i++)
    {  n=1;
        for (j=0;j<=i;j++)
        {  p[i][j]=【2】;
            n++;
        }
    }
    printf("The Output :\n");
    for (i=0;i<M;i++)
    {  for (j=0;【3】;j++)
            printf ("%4d",p[i][j]);
        printf("\n");
    }
    return 0;
}
```

【题 9.177】下面程序的运行结果是【 】。

```
#include <stdio.h>
int main( )
{  char * a[ ]={"Pascal","C language","dBase","Coble"};
    char ** p;
    int j;
    p=a+3;
    for(j=3;j>=0;j--)   printf("%s\n", * (p--));
    return 0;
}
```

【题 9.178】已有一维数组 a, n 为元素的个数, 且各元素均有值; 函数 void process(float * p,int n,float(* fun)(float * ,int))为一个可完成下面各种计算的通用函数。请分别写出用于以下计算的各函数中的调用语句【1】、【2】和【3】。

(1) float arr_add(float * arr,int n) 计算数组元素值之和。

(2) float odd_add(float * p,int n) 计算下标为奇数的元素之和。

(3) float arr_ave(float * p,int n) 计算各元素的平均值。

【题 9.179】有如下数学公式：

公式一：$y_1 = \dfrac{1}{\sqrt{2\pi}} \displaystyle\int_0^1 e^{-\frac{x^2}{2}} dx$

公式二：$y_2 = \displaystyle\int_0^4 (x^2 + 3x + 2) dx$

公式三：$y_3 = \dfrac{1}{2} \displaystyle\int_0^{\pi/2} \sin(x) dx$

已知梯形法求积分的公式为：

$$y = h((f(a) + f(b))/2 + \sum_{i=1}^{n-1} f(a + i \cdot h)), \quad h = (b - a)/n$$

（其中 n 为积分区间的等分数）

函数 trap 是一个利用梯形法求定积分的通用求积函数。double pexp() 是计算公式一的函数，double polyt() 是计算公式二的函数。请根据以下调用语句，完成 trap 函数中的填空。

调用语句：　y1＝trap(pexp,0.0,1.0)/sqrt(2.0 * 3.1416)；

　　　　　　y2＝trap(polyt,0.0,4.0)；

　　　　　　y3＝trap(sin,0.0,3.1416/2.0)/2.0；

```
double trap(【1】,double a,double b)
{   double t,h;
    int i,n=1000;
    t=((* fun)(a)+(* fun)(b))/2.0;
    h=fabs(a-b)/(double)(n);
    for(i=1;i<=n-1;i++)   t+=【2】;
    t * =h;
    return t;
}
```

【题 9.180】函数 process 是一个可对两个整型数 a 和 b 进行计算的通用函数；函数 max() 可求这两个数中的较大者，函数 min() 可求它们中的较小者。已有调用语句 process(a,b,max); 和 process(a,b,min);。请填空。

```
void process(【 】)
{   int result;
    result=(* fun)(x,y);
    printf("%d\n",result);
}
```

【题 9.181】函数 func1、func2、func3、func4 分别用于计算两个整型数 x 和 y 的和、差、积、商，函数 execute() 是可完成这些计算的通用函数。请填空。

```
#include <stdio.h>
int main()
{   int func1(),func2(),func3(),func4();
    int (* function[4])(); int a=10, b=5,i;
```

```
function[0]=func1;
function[1]=func2;
function[2]=func3;
function[3]=func4;
for(i=0;i<4;i++)
    printf("func No.%d--->%d\n",i+1,execute(a,b,【1】));
return 0;
}
int execute(【2】)
{  return (*func)(x,y);  }
```

【题 9.182】根据运行结果,完成 main 函数中的填空。

```
#include <stdio.h>
int arr_add(int arr[],int n)
{  int i,sum=0;
   for(i=0;i<n;i++)   sum=sum+arr[i];
   return sum;
}
int main()
{  int a[3][4]={ 1,3,5,7,9,11,13,15,17,19,21,23 };
   int *p,total1,total2;
   int (*pt)(int *,int );
   pt=【1】;
   p=a[0];
   total1=arr_add(p,12);
   total2=(*pt)(【2】);
   printf("total1 =%d\ntotal2 =%d\n", total1,total2);
   return 0;
}
```

运行结果：   total1 = 144
              total2 = 144

【题 9.183】定义语句 int *f( );int (*f)( ); 的含义分别为【1】和【2】。

【题 9.184】下面程序的运行结果是【】。

```
#include <stdio.h>
int *sum(int (*pointer)[5]);
int main()
{  int score[][5]={{60,70,80,90,0},{50,89,67,88,0},{78,34,90,66,0},{80,
   90,100,70,0}};
   int *p[4],i;
   for(i =0;i<4;i++)
        p[i]=sum(score+i);
   for(i =0;i<4;i++)
        printf("%3d ",*p[i]);
```

```
    printf("\n");
    return 0;
}
int * sum(int (* pointer)[5])
{   int i, * pt, s=0;
    pt=NULL;
    for(i=0;i<4;i++)
        s=s+ * (* pointer+i);
    * (* pointer+i)=s;
    pt= * pointer+i;
    return pt;
}
```

【题 9.185】已有定义 double x,y,z,ms,mc,(* fp)( )；赋值语句 fp = mysin；fp =
mycos；，并且 x、y、z 均有值。mysin、mycos 函数可完成 sin(x) 和 cos(x) 的
计算，func 是用于对 x、y、z 进行以上运算的通用函数，要对以下数学公式进行
计算，请完成函数调用语句中的填空。

$$fs(x,y,z)=\sin(x)/(\sin(x-y)\sin(x-z))+\sin(y)/(\sin(y-z)\sin(y-x))$$
$$+\sin(z)/(\sin(z-x)\sin(z-y))$$
$$fc(x,y,z)=\cos(x)/(\cos(x-y)\cos(x-z))+\cos(y)/(\cos(y-z)\cos(y-x))$$
$$+\cos(z)/(\cos(z-x)\cos(z-y))$$

```
double  func(double (* fnp)( ),double a,double b,double c)
{   double x;
    x=(* fnp)(a) / ((* fnp)(b) * (* fnp)(c));
    return x;
}

ms=func(fp,【1】)+func(fp,y,y-z,y-x)+func(fp,【2】);
mc=func(fp,x,x-y,x-z)+func(fp,【3】)+func(fp,z,z-x,z-y);
```

9.3 编 程 题

【题 9.186】编写程序，将字符串 computer 赋给一个字符数组，然后从第一个字母开始间
隔地输出该串中的字符，请用指针完成。

【题 9.187】编写程序，将字符串中的第 m 个字符开始的全部字符复制成另一个字符串。
要求在主函数中输入字符串及 m 的值并输出复制结果，在被调用函数中完成
复制。

【题 9.188】从键盘输入一个字符串，然后按照下面要求输出一个新字符串。新串是在原
串中每两个字符之间插入一个空格，如原串为 abcd，则新串为 a□b□c□d□(□
代表空格)。要求在函数 insert 中完成新串的产生，在主函数中完成所有相应

的输入和输出。

【题 9.189】 设有一个数列,包含 10 个数,已按升序排好。现要求编写程序,把从指定位置开始的 n 个数按逆序重新排列并输出新的完整数列。进行逆序处理时要求使用指针方法。试编程。(例如,原数列为 2、4、6、8、10、12、14、16、18、20,若要求把从第 4 个数开始的 5 个数按逆序重新排列,则得到新数列为 2、4、6、16、14、12、10、8、18、20)

【题 9.190】 编写程序,统计通过系统输入的命令行中第二个参数所包含的英文字符个数。

【题 9.191】 通过指针数组 p 和一维数组 a 构成一个 3×2 的二维数组,并为 a 数组赋初值 2、4、6、8…。要求先按行的顺序输出此二维数组,然后再按列的顺序输出它。试编程。

【题 9.192】 设有一个 3×4 数组,存放 3 名学生的测验成绩,首列为学号,后 3 列为 3 次考试成绩。要求在函数 ave 中计算 2 号学生 3 次考试的平均成绩,请编写函数 int * ave( )。

```c
#include <stdio.h>
int * ave(int (* pointer)[4],int n);
int main( )
{   int score[][4]={{1,70,80,90},{2,89,67,88},{3,56,90,66}};
    int * p,i;
    i=2;
    p=ave(score,i);
    printf("No. %d average score: %3d ",i, * p);
    return 0;
}
int * ave(int (* pointer)[4],int n)
{    }
```

【题 9.193】 下面 findmax 函数将查找数组中的最大元素及其下标值和地址值,请编写 * findmax( )函数。

```c
#include <stdio.h>
int * findmax(int * s,int t,int * k)
{  }
int main( )
{   int a[10]={ 12,23,34,45,56,67,78,89,11,22 },k, * add;
    add=findmax(a,10,&k);
    printf("%d,%d,%o\n",a[k],k,add);
    return 0;
}
```

第10章 结构体与共用体

10.1 选 择 题

【题 10.1】设有以下语句：

```
typedef struct REC
{ char c;  int a[4]; } REC1;
```

则下面叙述中正确的是_____。

A）可以用 REC 定义结构体变量

B）REC1 是 struct REC 类型的变量

C）REC 是 struct 类型的变量

D）可以用 REC1 定义结构体变量

【题 10.2】下列关于结构体的说法错误的是_____。

A）结构体是由用户自定义的一种数据类型

B）结构体中可设定若干个不同数据类型的成员

C）结构体中成员的数据类型可以是另一个已定义的结构体

D）在定义结构体时，可以为成员设置默认值

【题 10.3】以下关于结构体的叙述中，错误的是_____。

A）结构体是一种可由用户构造的数据类型

B）结构体中的成员可以具有不同的数据类型

C）结构体中的成员不可以与结构体变量同名

D）结构体中的成员可以是指向自身结构的指针类型

【题 10.4】以下结构体类型说明和变量定义中，正确的是_____。

A) struct SS
   { char flag;
     float x;
   }
   struct SS a,b;

B) struct
   { char flag;
     float x;
   }SS;
   SS a,b;

C) struct ss
    { char flag;
     float x;
    };
   struct ss a,b;

D) typedef
   { char flag;
    float x
   }SS;
   SS a,b;

【题 10.5】 以下对结构体类型变量 st 的定义中,错误的是_____。

    A) struct { char c;int a; } st;

    B) struct { char c;int a; } TT;

       struct TT st;

    C) typedef struct { char c;int a; } TT;

       TT st;

    D) ♯define TT struct

       TT{ char c;int a; } st;

【题 10.6】 已知学生记录及变量的定义如下:

```
struct student
  { int no;  char name[20];  char sex;
    struct { int year,month,day; } birth;
  }
struct student s, * ps;
ps=&s;
```

以下能给 s 中的 year 成员赋值 1984 的语句是_____。

    A) s.year=1984;   B) ps.year=1984;

    C) ps->year=1984;   D) s.birth.year=1984;

【题 10.7】 说明一个结构体变量时,系统分配给它的内存是_____。

    A) 各成员所需内存量的总和

    B) 结构中第一个成员所需的内存量

    C) 成员中占内存量最大者所需的容量

    D) 结构中最后一个成员所需的内存量

【题 10.8】 设有以下说明语句:

```
struct stu
  { int a;  float b; } stutype;
```

则下面的叙述不正确的是 _____。

    A) struct 是结构体类型的关键字

    B) struct stu 是用户定义的结构体类型名

    C) stutype 是用户定义的结构体类型名

    D) a 和 b 都是结构体成员名

【题 10.9】 C 语言结构体类型变量在程序执行期间 _____。

    A) 所有成员一直驻留在内存中

    B) 只有一个成员驻留在内存中

    C) 部分成员驻留在内存中

    D) 没有成员驻留在内存中

【题 10.10】 若有如下定义:

```
struct data
{ int x,y;} test1={10,20},test2;
```

则以下赋值语句中错误的是_____。

A）test2＝test1；   B）test2.x＝test1.x；

C）test2.x＝test1.y   D）test2＝{30,40}；

【题 10.11】以下程序的运行结果是 _____。

```
#include <stdio.h>
int main()
{ struct date
    { int year, month, day;
    } today;
  printf("%d\n",sizeof(struct date));
  return 0;
}
```

A）6   B）8   C）10   D）12

【题 10.12】根据下面的定义,能打印出字母 M 的语句是_____。

```
struct person { char name[9];   int age;};
struct person class[10]={ "John",17,
                          "Paul",19,
                          "Mary",18,
                          "adam",16
                        };
```

A）printf("%c\n",class[3].name)；

B）printf("%c\n",class[3].name[1])；

C）printf("%c\n",class[2].name[1])；

D）printf("%c\n",class[2].name[0])；

【题 10.13】若有以下声明语句：

```
typedef struct
{ int n;
  struct { int y,m,d; } date;
} PERSON;
```

则下面定义结构体数组并赋初值的语句中错误的是_____。

A）PERSON x[2]={1,04,10,1,2, 04,12,30}；

B）PERSON x[2]={{1,04,10,1},{2, 04,12,30}}；

C）PERSON x[2]={1,{ 04,10,1},2,{ 04,12,30}}；

D）PERSON x[2]={{1},04,10,1,{2},04,12,30}；

【题 10.14】若有如下定义：

```
struct person
```

```
{ int id; char name[10]; } per, * s=&per;
```

则以下对结构体成员的引用中错误的是_____。

A) per.name   B) s->name[0]

C) (* per).name[8]   D) (* s).id

【题 10.15】下面程序的运行结果是_____。

```
#include <stdio.h>
int main( )
{ struct cmplx { int x;
                int y;
              } cnum[2]={1,3,2,7};
  printf("%d\n",cnum[0].y/cnum[0].x * cnum[1].x);
  return 0;
}
```

A) 0   B) 1   C) 3   D) 6

【题 10.16】若有以下定义和语句：

```
struct student
{ int age;   int num; };
struct student stu[3]={{1001,20},{1002,19},{1003,21}};
int main( )
{ struct student * p;
  p=stu;
  ...
}
```

则以下不正确的引用形式是_____。

A) (p++)->num   B) p++

C) (* p).num   D) p＝&stu.age

【题 10.17】以下 scanf 函数调用语句中对结构体变量成员的引用，错误的是 _____。

```
struct pupil
{ char name[20];
  int age;
  int sex;
} pup[5], * p;
```

A) scanf("%s",pup[0].name);

B) scanf("%d",&pup[0].age);

C) scanf("%d",&(p->sex));

D) scanf("%d",p->age);

【题 10.18】设有以下定义和语句,以下引用形式不合法的是_____。

```
struct s
```

```
{ int i1;
  struct s * i2, * i0;
};
static struct s a[3]={2,&a[1],'\0',4,&a[2],&a[0],6,'\0',&a[1]}, * ptr;
ptr=a;
```

A) ptr->i1++   B) * ptr->i2   C) ++ptr->i0   D) * ptr->i1

【题 10.19】设有如下定义：

```
struct sk
{ int n;
  float x;
} data, * p;
```

若要使 p 指向 data 中的 n 域,则完全正确的赋值语句是_____。

A) p= &data.n;   B) * p= data.n;

C) p=(struct sk *) &data.n;   D) p=(struct sk *) data.n;

【题 10.20】若有以下说明和语句：

```
struct student
{ int age;
  int num;
} std, * p;
p=&std;
```

则以下对结构体变量 std 中成员 age 的引用方式不正确的是_____。

A) std.age   B) p->age   C) (* p).age   D) * p.age

【题 10.21】设有以下程序：

```
#include <stdio.h>
int main()
{ struct STU { char name[12];  char sex;  double score[2];}
  struct STU x={"Lin",'f',72.5,83.0},y={"Ma",'m',85.0,90.5};
  y=x;
  printf("%s,%c,%2.0f,%2.0f\n",y.name,y.sex,y.score[0],y.score[1]);
  return 0;
}
```

程序运行后的输出结果是_____。

A) Lin,f,72.5,83.0   B) Ma,m,85,91

C) Lin,f,72,83   D) Lin,f,73,83

【题 10.22】若有以下说明和语句,则对 pup 中 sex 域的正确引用方式是_____。

```
struct pupil
{ char name[20];  int sex; } pup, * p;
p=&pup;
```

A) p.pup.sex

B) p->pup.sex

C) (*p).pup.sex

D) (*p).sex

【题 10.23】设有以下语句:

```
struct st
{ int n;
  struct st * next;
};
static struct st a[3]={5,&a[1],7,&a[2],9,'\0'}, * p;
p=&a[0];
```

以下表达式的值为 6 的是_____。

A) p++->n

B) p->n++

C) (*p).n++

D) ++p->n

【题 10.24】以下程序的输出结果是_____。

```
#include <stdio.h>
struct stu
{ int x;   int * y; } * p;
int dt[4]={ 10, 20, 30, 40 };
struct stu a[4]={ 50, &dt[0], 60, &dt[1],
                  70, &dt[2], 80, &dt[3]
                };
int main( )
{ p=a;
  printf("%d,",++p->x);
  printf("%d,",(++p)->x);
  printf("%d\n",++(*p->y));
  return 0;
}
```

A) 10,20,20

B) 50,60,21

C) 51,60,21

D) 60,70,31

【题 10.25】若有以下说明和语句,则下面表达式中值为 1002 的是_____。

```
struct student
{ int age;   int num; };
struct student stu[3]={{1001,20},{1002,19},{1003,21}};
struct student * p;
p=stu;
```

A) (p++)->num

B) (p++)->age

C) (*p).num

D) (*++p).age

【题 10.26】设有如下定义:

```
struct REC
```

```
{ int num;
  char flag;
  char adr[20];
} rec[10], * pr=rec;
```

下面各输入语句中错误的是_____。

A) scanf("%s",&rec.adr);   B) scanf("%d",&(* pr).num);

C) scanf("%c",&(pr->flag));   D) scanf("%c",&rec[1].flag);

【题 10.27】以下对结构体变量 stu1 中成员 age 的非法引用是_____。

```
struct student
{ int age;  int num; }stu1, * p;
p=&stu1;
```

A) stu1.age   B) student.age

C) p->age   D) (* p).age

【题 10.28】设有以下说明和定义语句,则下面表达式中值为 3 的是_____。

```
struct s
{ int i1;  struct s * i2; };
static struct s a[3]={ 1, &a[1], 2, &a[2], 3, &a[0] }, * ptr;
ptr=&a[1];
```

A) ptr->i1++   B) ptr++->i1

C) * ptr->i1   D) ++ptr->i1

【题 10.29】以下程序的功能是:读入一行字符(如 a,…,y,z),按输入时的逆序建立图 10-1
所示的链接式的结点序列,即先输入的位于链表尾(如图 10-1 所示),然后再按
输入的相反顺序输出,并释放全部结点。请选择正确的内容填入【 】中。

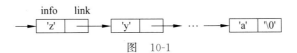

图 10-1

```
#include <stdio.h>
#define getnode(type) 【1】malloc(sizeof(type))
int main( )
{
  struct node
    {
      char info;
      struct node * link;
    } * top, * p;
  char c;
  top=NULL;
  while((c=getchar( ))【2】)
```

```
        {
        p=getnode(struct node);
        p->info=c;
        p->link=top;
        top=p;
        }
    while(top)
        {
        【3】;
        top=top->link;
        putchar(p->info);
        free(p);
        }
    return 0;
}
```

【1】A)（type）　　B)（type＊）　　C) type　　　　D) type ＊

【2】A) ＝＝'\0'　　B) !＝'\0'　　C) ＝＝'\n'　　D) !＝'\n'

【3】A) top＝p　　B) p＝top　　C) p＝＝top　　D) top＝＝p

【题 10.30】若要利用下面的程序片段使指针变量 p 指向一个存储整型变量的存储单元，
则【　】中应填入的内容是_____。

```
int * p;
p=【 】malloc(sizeof(int));
```

A) int　　　　　　B) int ＊　　　　C)（＊int)　　D)（int ＊）

【题 10.31】若已建立下面的链表结构，指针 p、q 分别指向图 10-2 所示的结点，则不能将 q
所指的结点插入到链表末尾的一组语句是_____。

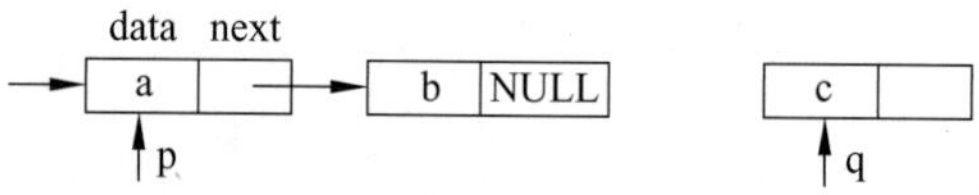

图　10-2

A) q->next＝NULL；p＝p->next；p->next＝q；

B) p＝p->next；q->next＝p->next；p->next＝q；

C) p＝p->next；q->next＝p；p->next＝q；

D) p＝(＊p).next；(＊q).next＝(＊p).next；(＊p).next＝q；

【题 10.32】假定已建立以下动态链表结构，且指针 p1 和 p2 已指向图 10-3 所示的结点，则
以下可以将 p2 所指结点从链表中删除并释放该结点的语句组是_____。

A)（＊p1).next＝(＊p2).next；free(p1)；

B) p1＝p2；free(p2)；

C) p1->next＝p2->next；free(p2)；

D) p1＝p2->next；free(p2)；

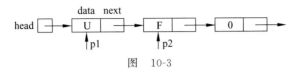

图　10-3

【题 10.33】若已建立图 10-4 所示的单向链表：

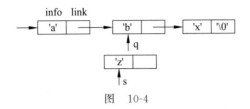

图　10-4

则以下不能将 s 所指的结点插入到链表尾部,构成新的单项链表的语句组
是_____。

A) s->link＝q->link->link；q->link->link＝s；

B) q＝q->link；q->link＝s；s->link＝NULL；

C) s->link＝NULL；q＝(＊ q).link；(＊ q).link＝s；

D) q＝q->link；s->link＝q->link；q->link＝s->link；

【题 10.34】当说明一个共用体变量时,系统分配给它的内存是_____。

A) 各成员所需内存量的总和

B) 共用体中第一个成员所需的内存量

C) 成员中占内存量最大者所需的容量

D) 共用体中最后一个成员所需的内存量

【题 10.35】以下对 C 语言中共用体类型数据的叙述正确的是_____。

A) 可以对共用体变量名直接赋值

B) 同类型的共用体变量不能相互赋值

C) 一个共用体变量中不能同时存放其所有成员

D) 共用体类型定义中不能出现结构体类型的成员

【题 10.36】若有以下定义和语句：

```
union data
  { int   i；  char c；  float f；} a；
int n；
```

则以下语句正确的是_____。

A) a＝5；　　　　　　　　　　　B) a＝{2,'a',1.2}；

C) printf("％d\n",a)；　　　　　　D) n＝a；

【题 10.37】设有以下说明,则下面不正确的叙述是_____。

```
union data
  { int  i;   char c;   float f; } un;
```

A) un 所占的内存长度等于成员 f 的长度

B) un 的地址和它的各成员地址都是同一地址

C) 变量 un 中可以同时存放 int 和 char 型数据

D) 不能对 un 赋值，但可以在定义 un 时对它初始化

【题 10.38】C 语言共用体类型变量在程序运行期间 _____。

A) 所有成员一直驻留在内存中

B) 只有一个成员驻留在内存中

C) 部分成员驻留在内存中

D) 没有成员驻留在内存中

【题 10.39】以下程序的运行结果是 _____。

```
#include <stdio.h>
struct st{ int m; struct st * n; } * p;
struct st x[3]={ 1,x+1,2,x+2,3,x};
int main()
{  int i;
   p=x;
   for(i=0; i<2; i++)
      {printf("%d,",p++->m);   p=p->n; }
   return  0;
}
```

A) 1,2   B) 1,3,   C) 2,3,   D) 3,1,

【题 10.40】为下面程序中每个打印语句后的注释行填空选择正确的输出结果。

```
#include <stdio.h>
int main( )
{ int j;
 union { short a;
         int b;
         unsigned char c;
       }m;
 m.b=0x12345678;
 printf("%x\n",m.a);          /* 【1】 */
 printf("%x\n",m.c);          /* 【2】 */
 return 0;
}
```

【1】A) 1234   B) 5678   C) 12345678   D) 0

【2】A) 12   B) 78   C) 1234   D) 5678

【题 10.41】以下程序的运行结果是 _____。

```
#include <stdio.h>
union pw
{ short i;
  char ch[2];
} a;
int main( )
{ a.ch[0]=13;
  a.ch[1]=0;
  printf("%d\n",a.i);
  return 0;
}
```

    A）13   B）14   C）208   D）209

【题 10.42】使用 typedef 定义一个新类型的正确步骤是 _____。

（1）把变量名换成新类型名

（2）按定义变量的方法写出定义体

（3）用新类型名定义变量

（4）在最前面加上关键字 typedef

    A）（2）、（4）、（3）、（1）   B）（1）、（3）、（2）、（4）

    C）（2）、（1）、（4）、（3）   D）（4）、（2）、（3）、（1）

【题 10.43】下面对 typedef 的叙述中不正确的是_____。

    A）用 typedef 可以定义类型名,但不能用来定义变量

    B）用 typedef 可以增加新类型

    C）用 typedef 只是将已存在的类型用一个新的标识符来代表

    D）使用 typedef 有利于程序的通用和移植

【题 10.44】下面试图为 double 说明一个新类型名 real 的语句中,正确的是_____。

    A）typedef real double;   B）typedef   double   real;

    C）typedef real＝double;   D）typedef   double ＝'real';

【题 10.45】若要说明一个类型名 TPC,使得定义语句 TPC ch;等价于 char ＊ ch;,以下选项中正确的是 _____。

    A）typedef TPC ＊char;   B）typedef TPC char ＊ch;

    C）typedef ＊char TPC;   D）typedef char ＊ TPC;

10.2　填　空　题

【题 10.46】设有如下结构体说明:

```
struct ST
{ int a; float b;
  struct ST ＊ c;
  double x[3];
}st1;
```

请填空,完成以下对数组 s 的定义,使其每个元素均为上述结构体类型。

【 】 s[10];

【题 10.47】 以下程序的运行结果是【 】。

```
#include <stdio.h>
struct n
   { int x;  char c; };
void func(struct n);
int main()
{ struct n a={10,'x'};
  func(a);
  printf("%d,%c",a.x,a.c);
  return 0;
}
void func(struct n b)
{ b.x=20;
  b.c='y';
}
```

【题 10.48】 以下程序的运行结果是【 】。

```
#include <stdio.h>
int main()
{ struct EXAMPLE
         { struct { int x;  int y;
                  }in;
           int a;  int b;
           }e;
  e.a=1;e.b=2;
  e.in.x=e.a*e.b;
  e.in.y=e.a+e.b;
  printf("%d,%d",e.in.x,e.in.y);
  return 0;
}
```

【题 10.49】 以下程序用以输出结构体变量 bt 所占内存单元的字节数,请在【 】内填上适当内容。

```
#include <stdio.h>
struct ps
{ double i;  char arr[20];
};
int main()
{ struct ps bt;
  printf("bt size :%d\n",【 】);
  return 0;
}
```

【题 10.50】以下程序的运行结果是【 】。

```
#include <stdio.h>
#include <string.h>
struct std{  int num; char name[10]; double m;};
void fun(struct std k)
{  k.num=101;
   strcpy(k.name, "LiLin");
   k.m=1227.0;
}
int main( )
{  struct std q={ 102, "WangLu",1918.0};
   fun(q);
   printf("%d,%s,%6.1f\n",q.num,q.name,q.m);
   return 0;
}
```

【题 10.51】以下程序的输出结果是【 】。

```
#include <stdio.h>
struct abc
{ char c;   float v; };
void fun1(struct abc b)
{   b.c='A';
    b.v=80.7;
}
void fun2(struct abc * b)
{   (* b).c='C';
    (* b).v=92.5;
}
int main( )
{   struct abc a={'B',98.5};
    fun1(a);
    printf("%c,%4.1f\n",a.c,a.v);
    fun2(&a);
    printf("%c,%4.1f\n",a.c,a.v);
    return 0;
}
```

【题 10.52】函数 stdave 的功能是计算 N 个学生 M 门课的平均分,请填空。

```
#include <stdio.h>
#define M   5
#define N   30
struct student
{ int num;
  char name[10];
```

```
    float score[M];
    float ave;
};
void stdave (struct student s[ ], int n)
{ int i,j;
  float sum;
  for (i=0;i<n;i++)
  {
    sum=【1】;
    for(j=0;j<M;j++)
      sum=sum+【2】;
    【3】=sum/M;
  }
}
int main( )
{ struct student pers[N];
    ⋮
  stdave (pers,N);
    ⋮
}
```

【题 10.53】 函数 findbook 的功能是：在有 M 个元素的结构体数组 s 中查找名为 nam 的书。若找到,函数返回这本书所在元素的数组下标;否则,函数返回 -1。请填空。

```
#include <string.h>
#define M 100
struct data
{ int id;
  char name[20];
  double price;
} book[M];
int findbook(struct data s[], char nam[])
{ int i;
  for(i=0;i<M;i++)
    if(strcmp(【1】)==0) return i;
  【2】;
}
```

【题 10.54】 以下程序的运行结果为【 】。

```
#include <stdio.h>
int main( )
{ static struct s1
      { char c[4], * s;
      } s1={"abc","def"};
  static struct s2
```

```
    { char * cp;
      struct s1 ss1;
    } s2={"ghi",{"jkl","mno"}};
  printf("%c,%c\n",s1.c[0], * s1.s);
  printf("%s,%s\n",s1.c,s1.s);
  printf("%s,%s\n",s2.cp,s2.ss1.s);
  printf("%s,%s\n",++s2.cp,++s2.ss1.s);
  return 0;
}
```

【题 10.55】以下程序用来按学生姓名查询其排名和平均成绩。查询可连续进行,直到输入 0 时结束。请填空。

```
#include <stdio.h>
#include <string.h>
#define NUM 4
struct student
{ int rank;   char * name;   float score; };
【1】 stu[]={ 3, "Tom", 89.3,
             4, "Mary", 78.2,
             1, "Jack", 95.1,
             2, "Jim", 90.6,
           };
int main( )
{ char str[10];   int i;
  do { printf("Enter a name:");
       scanf("%s",str);
       for (i=0;i<NUM;i++)
           if(【2】)
               { printf("name    : %8s\n",stu[i].name);
                 printf("rank    : %3s\n",stu[i].rank);
                 printf("average : %5.1f\n",stu[i].score);
                 【3】;
               }
       if(i>=NUM) printf("Not found\n");
     } while(strcmp(str,"0")!=0);
  return 0;
}
```

【题 10.56】设有 3 人的姓名和年龄存在结构数组中,以下程序输出 3 人中年龄居中者的姓名和年龄。请填空。

```
#include <stdio.h>
static struct man
{
  char name[20];   int age;
```

```
        } person[]={ "li-ming",18,
                     "wang-hua",19,
                     "zhang-ping",20
                   };
    int main( )
    { int i,j,max,min;
      max=min=person[0].age;
       for(i=1;i<3;i++)
         if(person[i].age>max)【1】;
         else if(person[i].age<min)【2】;
       for(i=0;i<3;i++)
         if(person[i].age!=max【3】person[i].age!=min)
         { printf("%s %d\n",person[i].name,person[i].age);
           break;
         }
       return 0;
    }
```

【题 10.57】以下程序用"比较计数"法对结构数组 a 按字段 num 进行降序排列。"比较计数"法的基本思想是：通过另一字段 con 记录 a 中小于某一特定关键字的元素的个数。待算法结束，a[i].con 就是 a[i].num 在 a 中的排序位置。请填空。

```
    #include <stdio.h>
    #define N 8
    struct c
    { int num;   int con; } a[16];
    int main( )
    { int i,j;
      for(i=0;i<N;i++)
        { scanf("%d",&a[i].num);
          a[i].con=0;
        }
      for(i=N-1;i>=1;i--)
         for(j=i-1;j>=0;j--)
             if(a[i].num<a[j].num)
                 【1】;
             else【2】;
      for(i=0;i<N;i++)
          printf("%d,%d\n",a[i].num,a[i].con);
      return 0;
    }
```

【题 10.58】以下程序的功能是计算并打印复数的差。请填空。

```
    #include <stdio.h>
    struct comp
```

```
{ float re;    float im; };
struct comp * m(struct comp * x, struct comp * y)
{【1】;
  z=(struct comp * )malloc(sizeof(struct comp));
  z->re=x->re-y->re;
  z->im=x->im-y->im;
  return(【2】);
}
int main( )
{ struct comp * t;
  struct comp a,b;
  a.re=1; a.im=2;
  b.re=3; b.im=4;
  t=m(【3】);
  printf("z.re=%f,z.im=%f",t->re,t->im);
  return 0;
}
```

【题 10.59】 以下程序调用 readrec 函数把 10 名学生的学号、姓名、4 项成绩以及平均分放在一个结构体数组中,学生的学号、姓名和 4 项成绩由键盘输入,然后计算出平均分,放在结构体对应的域中,调用 writerec 函数输出 10 名学生的记录。请填空。

```
#include <stdio.h>
struct stud
{ char num[5], name[10];
  int s[4];    int ave;
};
void readrec(struct stud * );
void writerec(struct stud * );
int main( )
{ struct stud st[30];
  int k;
  for(k=0; k<10; k++) readrec(&st[k]);
  writerec(st);
  return 0;
}
void readrec(struct stud * rec)
{ int i, sum;    char ch;
  gets(rec->num);
  gets(rec->name);
  for(i=0;i<4;i++) scanf("%d",【1】);              //读入 4 项成绩
  ch=getchar( );                                  //跳过输入数据最后的回车符
  sum=0;
  for(i=0;i<4;i++) sum +=【2】;                     //累加 4 项成绩
```

```
        rec->ave=sum/4.0;
    }
    void writerec(struct stud * s)
    { int k, i;
      for (k=0; k<10; k++)
          { printf("NUM: %s NANE: %s\n",( * (s+k)).num,( * (s+k)).name );
            for(i=0; i<4; i++)
                printf(" MARK: %5d ",【3】);              //输出 4 项成绩
            printf(" AVE: %5d\n",( * (s+k)).ave);
          }
    }
```

【题 10.60】 以下程序的运行结果是【 】。

```
#include <stdio.h>
struct ks
{ int a;   int * b;
} s[4], * p;
int main( )
{ int n=1,i;
  for(i=0;i<4;i++)
    { s[i].a=n;
      s[i].b=&s[i].a;
      n=n+2;
    }
  p=&s[0];
  p++;
  printf("%d,%d\n",(p++)->a,(++p)->a);
  return 0;
}
```

【题 10.61】 结构数组中存有 3 人的姓名和年龄,以下程序输出 3 人中最年长者的姓名和年龄。请填空。

```
#include <stdio.h>
static struct man
{ char name[20];   int age;
} person[]={ "li-ming",18,
             "wang-hua",19,
             "zhang-ping",20
           };
int main( )
  { struct man * p, * q;
    int old=0;
    p=person;
```

```
   for(;p【1】;p++)
     if(old<p->age)
       { q=p;【2】;}
   printf("%s %d",【3】);
   return 0;
}
```

【题 10.62】 以下程序的运行结果为【 】。

```
#include <stdio.h>
struct s{ int a;   float b;   char * c; };
int main( )
{ static struct s x={19,83.5,"zhang"};
  struct s * px=&x;
  printf("%d %.1f %s\n",x.a,x.b,x.c);
  printf("%d %.1f %s\n",px->a,( * px).b,px->c);
  printf("%c %s\n", * px->c-1,&px->c[1]);
  return 0;
}
```

【题 10.63】 以下程序用来统计学生成绩。其功能包括输入学生姓名和成绩,按成绩从高到低排列,打印输出成绩。对前 70% 的学生定为合格(pass),对后 30% 的学生定为不合格(fail)。请填空。

```
#include <stdio.h>
#include <string.h>
typedef struct
{ char name[30];   int grade; }student;
student class[40];
void sortclass(student * , int );
void swap( student * , student * );
int main( )
{ int ns, cutoff,i;
  printf("number of student: \n");
  scanf("%d",&ns);
  printf("Enter name and grade for each student: \n");
  for(i=0; i<ns; i++)
    scanf("%s %d",【1】);
  sortclass(class,ns);
  cutoff=(ns * 7)/10-1;
  printf("\n");
  for(i=0;i<ns;i++)
    { printf("%-6s %3d",class[i].name,class[i].grade);
      if(i<=cutoff) printf("  pass \n");
      else printf("  fail \n");
    }
```

```
      return 0;
    }
    void sortclass(student st[], int nst)
    { int i, j, pick;
      for(i=0;i<(nst-1);i++)
        { pick=i;
          for(【2】; j++)
            if (st[j].grade >st[pick].grade)
              pick=j;
          swap(【3】);
        }
    }
    void swap(student * ps1,student * ps2)
      { student temp;
        strcpy(temp.name, ps1->name);
        temp.grade=ps1->grade;
        strcpy(ps1->name, ps2->name);
        ps1->grade=ps2->grade;
        strcpy(ps2->name, temp.name);
        ps2->grade=temp.grade;
      }
```

【题 10.64】以下程序输入若干人员的姓名(6 位字母)及其电话号码(7 位数字),以字符#结束输入。然后输入姓名,查找该人的电话号码。数据从 s[1]开始存放。请填空。

```
#include <stdio.h>
#include <string.h>
#define MAX 101
struct aa
{ char name[5]; char tel[8]; };
void readin(struct aa * ,int * );
void search(struct aa * ,char * ,int);
int main( )
{ struct aa s[MAX];
  int num;   char name[5];
  readin(s, &num);
  printf("Enter a name: "); gets(name);
  search(s,name,num);
  return 0;
}
void readin(struct aa * a , int * n)
{ int i=1;
  gets(a[i].name ); gets( a[i].tel);
  while (strcmp(【1】, "#"))
```

```
        { i++; gets(a[i].name);gets(a[i].tel) ; }
      * n=--i;
}
void search(【2】 , char * x, int n)
{ int i;
   strcpy(b[0].name, x); i=n;
   while (strcmp(b[i].name, x)) i--;
   if (【3】) printf("name:%s tel:%s\n",b[i].name,b[i].tel );
   else    printf("Not been found !");
}
```

【题 10.65】为构建图 10-5 所示的存储结构（即每个结点两个域，data 是数据域，next 是指向结点的指针域），请将定义补充完整。

```
struct s { char data;
          【 】
          }node;
```

图　10-5

【题 10.66】以下程序段的功能是统计链表中结点的个数，其中 first 为指向第一个结点的指针（链表不带头结点）。请填空。

```
struct link
  {char data;   struct link * next; };
  ⋮
struct link * p, * first;
int c=0;
p=first;
while(【1】)
   {【2】;
    p=【3】;
   }
```

【题 10.67】已知 head 指向一个带头结点的单向链表，链表中的每个结点包含数据域（data）和指针域（next），数据域为整型。以下函数求出链表中所有链结点数据域的和值，作为函数值返回。请填空。

```
#include <stdio.h>
struct link
{ int data; struct link * next; };
int sum(【1】 )
{  struct link * p;   int s=0;
   p=head->next;
   while (p) { s +=【2】; p=【3】; }
   return s;
}
int main( )
```

```
{ struct link * head;
    ⋮
  sum(head);
    ⋮
}
```

【题 10.68】已知 head 指向一个带头结点的单向链表，链表中的每个结点包含数据域
（data）和指针域（next），数据域为整型。以下过程求出链表所有链结点中数
据域值最大的结点的位置，由指针变量 s 传回调用程序。请填空。

```
#include <stdio.h>
struct link
{ int data; struct link next; };
void fmax( struct link * head,【1】)
{ struct link * p;
 p = ( * head).next; * s=p;
 while ( p!=NULL)
 { p=【2】;
   if (( * p).data >【3】) * s=p;
 }
}
int main( )
{ struct link * head, * q;
    ⋮
  fmax( head, &q); printf("max=%d\n",q->data );
    ⋮
}
```

【题 10.69】已知 head 指向单链表的第一个结点，以下程序调用函数 print 输出这一单向
链表。请填空。

```
#include <stdlib.h>
#include <stdio.h>
struct student
  { int info;  struct student * link; };
void print(struct student * head)
{ struct student * p;
 printf("\n the linklist is:");
 p=head;
 if(head!=NULL)
   do
     { printf("%d",【1】);
       p=【2】;
     }
   while(【3】);
}
```

```
int main( )
{ struct student  * head;
    ⋮
  print(head);
    ⋮
}
```

【题 10.70】以下 min3 函数的功能是：计算循环单链表 first 中（见图 10-6）每 3 个相邻结点数据域中的和，并返回其中的最小值。请填空。

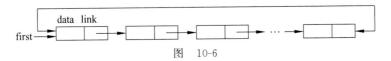

图   10-6

```
struct node { int data;
                 struct node * link;
              };
int min3( struct node * first )
   { struct node * p=first;
     int m, m3=p->data+p->link->data+p->link->link->data;
     for( p=p->link; p!=first; p=【1】)
         { m=p->data+p->link->data+p->link->link->data;
           if(【2】) m3=m; }
     return(m3);
   }
```

【题 10.71】已知 head 指向单链表的第一个结点，以下函数完成向降序单向链表中插入一个结点，插入后链表仍有序。请填空。

```
#include <stdio.h>
struct student
{ int info;   struct student * link; };
struct student * insert(struct student * head,struct student * stud)
{ struct student  * p0, * p1, * p2;
  p1=head;
  p0=stud;
  if(head==NULL)
     { head=p0; p0->link=NULL; }
  else
         while((p0->info <p1->info)&&(p1->link!=NULL))
             { p2=p1; p1=p1->link; }
  if(p0->info>=p1->info)
     { if(head==p1) {【1】;head=p0; }
       else { p2->link=p0;【2】; }
     }
```

```
    else
        { p1->link=p0;【3】; }
    return(head);
}
```

【题 10.72】已知 head 指向单链表的第一个结点，以下函数 del 完成从单向链表中删除值为 num 的第一个结点。请填空。

```
#include <stdio.h>
struct student
    { int info;  struct student * link;
};
struct student * del(struct student * head,int num)
{ struct student * p1, * p2;
  if(head==NULL)
      printf("\nlist null!\n");
  else
      { p1=head;
        while(【1】)
            { p2=p1;p1=p1->link; }
        if(num==p1->info)
            { if(p1==head)【2】;
              else【3】;
              printf("delete:%d\n",num);
            }
        else printf("%d not been found!\n",num);
      }
  return(head);
}
```

【题 10.73】设有以下定义和语句，请在 printf 语句的【 】中填上能够正确输出的变量及相应的格式说明。

```
union
    { int n;  double x; } num;
num.n=10;
num.x=10.5;
printf("【1】",【2】);
```

【题 10.74】以下程序的运行结果是【 】。

```
#include <stdio.h>
int main( )
{ struct EXAMPLE
    { union {
              int x;  int y;
            } in;
```

```
    int a;   int b;
  } e;
  e.a=1;   e.b=2;
  e.in.x=e.a*e.b;
  e.in.y=e.a+e.b;
  printf("%d,%d",e.in.x,e.in.y);
  return 0;
}
```

【题 10.75】 以下程序用以读入两个学生的情况,并将情况存入结构数组。每个学生的情况包括姓名、学号、性别。若是男生,则还登记视力正常与否(正常用 Y,不正常用 N); 对女生则还登记身高和体重。请填空。

```
#include <stdio.h>
struct
{ char name[10];   int number;   char sex;
  union body
    { char eye;
      struct
        { int height;
          int weight;
        } f;
    } body;
} per[2];
int main( )
{ int i;
  for(i=0;i<2;i++)
    { scanf("%s %d %c",per[i].name,&per[i].number,&per[i].sex);
      if(per[i].sex=='m')
          scanf("%c",【1】);
      else if(per[i].sex=='f')
          scanf("%d %d",【2】,【3】);
      else printf("input error\n");
    }
  return 0;
}
```

【题 10.76】 以下程序的运行结果是【 】。

```
#include <stdio.h>
int main( )
{ union EXAMPLE
    { struct
        { int x;   int y; }in;
      int a;   int b;
    }e;
```

```
e.a=1;     e.b=2;
e.in.x=e.a*e.b;
e.in.y=e.a+e.b;
printf("%d %d",e.in.x,e.in.y);
return 0;
}
```

【题 10.77】以下程序的运行结果为【 】。

```
#include <stdio.h>
struct w
  { char low;   char high; };
union u
  { struct w byte;   int word; } uu;
int main( )
  { uu.word=0x1234;
    printf("Word value: %04x\n",uu.word);
    printf("High value: %02x\n",uu.byte.high);
    printf("Low value: %02x\n",uu.byte.low);
    uu.byte.low=0xff;
    printf("Word value: %04x\n",uu.word);
    return 0;
}
```

【题 10.78】以下程序的输出结果为【 】。

```
#include <stdio.h>
enum coin{ penny, nickel, dime, quarter, half_dollar, dollar };
char * name[]={ "penny", "nickel", "dime", "quarter", "half_dollar",
                "dollar"};
int main( )
{ enum coin money1, money2;
  money1=dime;
  money2=dollar;
  printf("%d %d\n",money1,money2);
  printf("%s %s\n",name[(int)money1],name[(int)money2]);
  return 0;
}
```

【题 10.79】以下程序对输入的两个数进行正确性判断。若数据满足要求,则打印正确信息,并计算结果;否则,打印出相应的错误信息并继续读数,直到输入正确为止。请填空。

```
#include <stdio.h>
enum ErrorData {Right,Less0,Great100,MinMaxErr};
char * ErrorMessage[]={
                        "Enter Data Right",
```

```
                            "Data<0 Error",
                            "Data>100 Error",
                            "x>y Error"
                       };
       int error(int,int);
       int main()
       { int status, x,y;
         do { printf("please enter two number:(x,y)");
              scanf("%d%d",&x,&y);
              status=【1】;
              printf(ErrorMessage[【2】]);
            } while(status!=Right);
         printf("Result=%d",x * x+y * y);
         return 0;
       }
       int error(int min,int max)
         { if(max<min) return MinMaxErr;
           else if(max>100) return Great100;
           else if(min<0) return Less0;
           else【3】;
         }
```

【题 10.80】以下程序的输出结果是【　】。

```
       #include <stdio.h>
       typedef int INT;
       int main()
       { INT a,b;
         a=5;
         b=6;
         printf("a=%d\tb=%d\n",a,b);
         {
           float INT;
           INT=3.0;
           printf("2 * INT=%.2f\n",2 * INT);
         }
         return 0;
       }
```

【题 10.81】已知 head 指向一个带头结点的单向链表,链表中每个结点包含整型数据域 (data)和指针域(next)。链表中各结点按数据域递增有序链接,以下函数删除链表中数据域值相同的结点,使之只保留一个(去偶)。请填空。

```
       typedef int datatype;
       typedef struct node
```

```
    { datatype data;
      struct node * next;
    } linklist;
...
void PURGE(linklist * head)
{ linklist * p, * q;
  q=head->next;
  if( q!=NULL)
      {   p=q->next;
          while( p! =NULL)
            if(p->data==q->data)
                {【1】; free(p);  p=q->next; }
            else
                { q=p; 【2】; }
      }
  else
      printf("list is NULL!");
}
```

【题 10.82】以下程序实现带有头结点的单链表的建立,链表中每个结点包含数据域 data(字符型)和指针域 next。数据域的字符由键盘输入,并以'$'作为输入的结果标志。所建立的头指针由参数 phd 传回调用程序。请填空。

```
#include <stdio.h>
#include <stdlib.h>
typedef char datatype;
typedef struct node
  { datatype data;
    struct node * next;
  } linklist;

void  CREATLIST(【1】)
{ char ch;
  linklist * s, * r;
  * phd=malloc(sizeof(linklist));
  r= * phd;
  ch=getchar( );
  while ( ch !='$')
    { s=malloc(sizeof(linklist));
      s->data=ch;
      r->next=s;
      r=s;
      ch=getchar( );
    }
```

```
         r->next =【2】;
    }

    int main( )
    { linklist * head;
      head=NULL;
      CREATLIST(【3】);
    ⋮
    }
```

【题 10.83】以下函数实现图 10-7 所示的功能：将用尾指针 ra、rb 表示的两个环形链表进行连接，返回连接后的环形链表的尾指针 rb。请填空。

连接前：

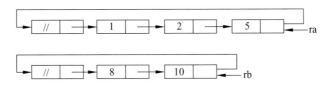

连接后：

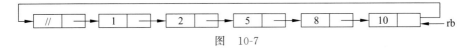

图 10-7

```
    typedef int datatype;
    typedef struct node
      { datatype data;
        struct node * next;
      } linklist;
    ⋮
    linklist * CONNECT(ra,rb)【1】;
    { linklist * p;
      p=ra->next;
      ra->next=【2】;
      free(rb->next);
      rb->next=【3】;
      return rb;
    }
```

【题 10.84】已知 head 指向一个不带头结点的环形链表，链表中每个结点包含数据域（num）和指针域（link）。数据域存放整数，第 i 个结点的数据域值为 i。以下函数利用环形链表模拟猴子选大王的过程：从第一个结点开始循环"报数"，每遇到 C 的整数倍，就将相应的结点删除（报数为 C 或 C 的整数倍的猴子都被淘汰）。如此循环，直到链表中剩下一个结点，就是猴王。请填空。

```
    typedef int datatype;
```

```
typedef struct node
{ datatype data;
  struct node * next;
} linklist;
  ⋮
int selectking(linklist * head, int c)
{ linklist * p, * q; int t;
  p=head;   t=0;
  do
    { t++;
      if ((t%c)!=0)
        { q=p;
          【1】;
        }
      else
        {
          q->next=【2】;
          p=p->next;
        }
    }
  while (【3】);
  return (p->data);
}
```

【题 10.85】以下函数实现建立由 m 个结点组成的环形链表（不带头结点），表中每个结点
包含数据域（num）和指针域（link）。数据域存放整型数，第 i 个结点的数据域
值为 i。函数返回环形链表的头指针 head。请填空。

```
typedef int datatype;
typedef struct node
  { datatype data;
    struct node * next;
  } linklist;
  ⋮
【1】initial(m) int m;
{ int i;
  linklist * head, * p, * s;
  p=(linklist * )malloc(sizeof(linklist));
  head=p;
  p->data=1;
  for(i=2;i<=m;i++)
    { s =(linklist * ) malloc(sizeof(linklist));
      s->data=i;
      p->next =【2】;
      p=s;
    }
```

```
    p->next =【3】;
    return head;
}
```

10.3 编　程　题

【题 10.86】试利用结构体类型编制一个程序,实现输入一个学生的数学期中和期末成绩,然后计算并输出其平均成绩。

【题 10.87】试利用指向结构体的指针编制一个程序,实现输入 3 个学生的学号、数学期中和期末成绩,然后计算其平均成绩并输出成绩表。

【题 10.88】请编程序建立一个带有头结点的单向链表,链表结点中的数据通过键盘输入,当输入数据为-1 时,表示输入结束。(链表头结点的 data 域不放数据,表空的条件是 ph->next==NULL。)

【题 10.89】已知 head 指向双向链表的第一个结点。链表中每个结点包含数据域(info)、后继元素指针域(next)和前趋元素指针域(pre)。请编写函数 print1,用来从头至尾输出这一双向链表。

【题 10.90】已知 head 指向一个带头结点的单向链表,链表中每个结点包含字符型数据域(data)和指针域(next)。请编写函数实现在值为 a 的结点前插入值为 key 的结点,若没有值为 a 的结点,则插在链表最后。

【题 10.91】已知 head 指向一个带头结点的单向链表,链表中每个结点包含数据域(data)和指针域(next)。请编写函数实现图 10-8 所示链表的逆置。

若原链表为:

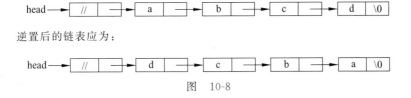

逆置后的链表应为:

图　10-8

【题 10.92】设有一个 unsigned int 型整数,现要分别将其前 2 个字节和后 2 个字节作为 2 个 unsigned short 型整数输出(设一个 short 型数据占 2 字节),试编一函数 partition 实现上述要求。要求在主函数中为该 int 型整数赋值,在函数 partition 中输出结果。

【题 10.93】请定义枚举类型 money,用枚举元素代表人民币的面值。包括 1 角、5 角、1 元、5 元、10 元、20 元、50 元、100 元。

第11章 位 运 算

11.1 选 择 题

【题 11.1】以下运算符中优先级最低的是【1】_____，优先级最高的是【2】_____。

    A）&&   B）&   C）|| D）|

【题 11.2】已有定义语句：int x＝2,y＝3,z＝4;,则表达式 x^y&z 的值是_____。

    A）2   B）3   C）4   D）0

【题 11.3】在 C 语言中,要求运算数必须是整型的运算符是_____。

    A）^   B）%   C）!   D）>

【题 11.4】sizeof(float)是_____。

    A）一种函数调用   B）一个不合法的表示形式

    C）一个整型表达式   D）一个浮点表达式

【题 11.5】表达式 a<b||~c&d 的运算顺序是_____。

    A）~、&、<、|| B）~、||、&、<

    C）~、&、||、<   D）~、<、&、||

【题 11.6】以下叙述中不正确的是_____。

    A）表达式 a&＝b 等价于 a＝a&b

    B）表达式 a|＝b 等价于 a＝a|b

    C）表达式 a!＝b 等价于 a＝a!b

    D）表达式 a^＝b 等价于 a＝a^b

【题 11.7】以下不能将变量 m 清零的表达式是_____。

    A）m＝m &~m   B）m＝m & 0

    C）m＝m^m   D）m＝m | m

【题 11.8】设字符型变量 ch 中的值为 11011001,若要保留这一字节中的中间 4 位,而将高、低 2 位清零,则以下能实现此功能的表达式是_____。

    A）ch|074   B）ch&074

    C）ch&0303   D）ch|0303

【题 11.9】表达式 0x13 &0x17 的值是_____。

    A）0x17   B）0x13   C）0xf8   D）0xec

【题 11.10】请读程序段：

```
char x=56;
x=x & 056;
```

```
printf("%d,%o\n",x,x);
```

以上程序段的输出结果是 _____。

A) 56,70   B) 0,0   C) 40,50   D) 62,76

【题 11.11】 以下可以将 char 型变量 x 中的大小写字母进行转换(即:大写变小写,小写变大写)的语句是 _____。

A) x=x^32;   B) x=x+32;

C) x=x|32;   D) x=x&32;

【题 11.12】 已知整型变量 n1 和 n2 的值相等,并且不为零,则以下选项中值为零的表达式是 _____。

A) n1 | n2   B) n1 || n2

C) n1^n2   D) n1 & n2

【题 11.13】 以下程序的运行结果是 _____。

```
#include <stdio.h>
int main()
{   unsigned char x=11;
    x=x & ~ 1;
    printf("%d\n",x);
    return  0;
}
```

A) 0   B) 1   C) 10   D) 11

【题 11.14】 表达式 0x13|0x17 的值是 _____。

A) 0x13   B) 0x17   C) 0xE8   D) 0xc8

【题 11.15】 若 a=1,b=2;,则 a|b 的值是 _____。

A) 0   B) 1   C) 2   D) 3

【题 11.16】 若有以下程序段:

```
int x=1,y=2;
x=x^y;
y=y^x;
x=x^y;
```

则执行以上语句后,x 和 y 的值分别是 _____。

A) x=1,y=2   B) x=2,y=2

C) x=2,y=1   D) x=1,y=1

【题 11.17】 请读程序段:

```
unsigned t=129;
t=t ^ 00;
printf("%d,%o\n",t,t);
```

以上程序段的输出结果是 _____。

A) 0,0   B) 129,201   C) 126,176   D) 101,145

【题 11.18】请读程序段：

```
int x=20;
printf("%d\n", ~ x);
```

上面程序段的输出结果是 _____。

A) 02   B) -20   C) -21   D) -11

【题 11.19】以下程序的运行结果是 _____。

```
#include <stdio.h>
int main()
{  unsigned char a='A';
   a+=4<<3 ;
   printf("%c\n",a);
   return  0;
}
```

A) A   B) a   C) Q   D) I

【题 11.20】在位运算中,操作数每右移一位,其结果相当于 _____。

A) 操作数乘以 2   B) 操作数除以 2
C) 操作数除以 4   D) 操作数乘以 4

【题 11.21】在位运算中,操作数每左移一位,其结果相当于 _____。

A) 操作数乘以 2   B) 操作数除以 2
C) 操作数除以 4   D) 操作数乘以 4

【题 11.22】设有以下语句：

```
char x=3,y=6,z;
z=x^y<<2;
```

则 z 的二进制值是 _____。

A) 00010100 B) 00011011 C) 00011100 D) 00011000

【题 11.23】有以下程序

```
#include <stdio.h>
int main( )
{ unsigned char x,y;
  x=5^3;   y=~ 4&4;
  printf("%d %d\n",x,y);
  return 0;
}
```

以上程序的输出结果是 _____。

A) 1 0   B) 1 4   C) 6 0   D) 6 4

11.2 填 空 题

【题 11.24】在 C 语言中, & 运算符作为单目运算符时表示的是【1】运算;作为双目运算符时表示的是【2】运算。

【题 11.25】与表达式 x^=y-2 等价的另一书写形式是【 】。

【题 11.26】请读程序段：

```
int a=1,b=2;
if (a&b) printf("***\n");
else printf("$$$\n");
```

以上程序段的输出结果是【 】。

【题 11.27】设有 char a,b;,若要通过 a&b 运算屏蔽掉 a 中的其他位,只保留第 2 和第 8 位(右起为第 1 位),则 b 的二进制数是【 】。

【题 11.28】测试 char 型变量 a 第 6 位是否为 1 的表达式是【 】(设最右位是第 1 位)。

【题 11.29】设 x 的二进制数是 11001101,若想通过 x & y 运算使 x 中的低 4 位不变,高 4 位清零,则 y 的二进制数是【 】。

【题 11.30】以下程序的输出结果是【 】。

```
#include <stdio.h>
int main()
{  int x,y,z;
   x=12;   y=012;   z=0x12;
   printf("%d,%d,%d\n",x,y,z);
   return  0;
}
```

【题 11.31】有以下程序：

```
#include <stdio.h>
int main()
{ unsigned char a,b;
  a=5 | 4;
  b=5 & 4;
  printf("%d,%d\n",a,b);
  return 0;
}
```

程序执行时的输出结果是【 】。

【题 11.32】有以下程序：

```
#include <stdio.h>
int main()
{ unsigned char x,y,z;
  x=0x3; y=x|0x8; z=x<<1;
  printf("%d,%d\n",y,z);
  return 0;
}
```

程序执行时的输出结果是【 】。

【题 11.33】有以下程序：

```
#include <stdio.h>
int main( )
{ int a=4,b=3,c=1;
  printf("%d\n",a/b & ~ c);
  return 0;
}
```

程序执行时的输出结果是【 】。

【题 11.34】设 x 是一个整数(16 位)，若要通过 x|y 使 x 低 8 位置 1,高 8 位不变,则 y 的
八进制数是【 】。

【题 11.35】设 x＝10100011,若要通过 x^y 使 x 的高 4 位取反,低 4 位不变,则 y 的二进
制数是【 】。

【题 11.36】请读程序段：

```
int m=20,n=025;
if (m^n) printf("mmm\n");
else printf("nnn\n");
```

以上程序段的输出结果是【 】。

【题 11.37】请读程序段：

```
int x=1;
printf("%d\n", ~ x);
```

上面程序段的输出结果是【 】。

【题 11.38】以下程序的输出结果是【 】。

```
#include <stdio.h>
int main()
{   unsigned x=035,y;
    y=(x%2>>1) | (x%3>>1);
    printf("%d,%d\n",x,y);
    return  0;
}
```

【题 11.39】以下程序的运行结果是【 】。

```
#include <stdio.h>
int main( )
{ char a=-8; unsigned char b=248;
  printf("%d,%d",a>>2,b>>2);
  return 0;
}
```

【题 11.40】以下程序的运行结果是【 】。

```
#include <stdio.h>
int main()
{ unsigned char a,b;
  a=0x1b;
  printf("0x%x\n",b=a<<2);
  return 0;
}
```

【题 11.41】以下程序的输出结果是【 】。

```
#include <stdio.h>
int main()
{  unsigned a=16;
   printf("%d,%d,%d\n",a,a>>2, a=a>>2);
   return  0;
}
```

【题 11.42】若 x=0123,则表达式(5+(int)(x))&(~2)的值是【 】。

【题 11.43】下面程序的运行结果是【 】。

```
#include <stdio.h>
int main()
{ unsigned char a,b;
  a=0x9d;   b=0xa5;
  printf("a AND b:%x\n",a & b);
  printf("a OR b:%x\n",a | b);
  printf("a NOR b:%x\n",a ^ b);
  return 0;
}
```

【题 11.44】下面程序的运行结果是【 】。

```
#include <stdio.h>
int main()
{ unsigned a=0112, x,y,z;
  x=a>>3;  printf("x=%o, ", x );
  y=~ (~ 0<<4 );  printf("y=%o, ", y );
  z=x & y;  printf("z=%o\n", z );
  return 0;
}
```

【题 11.45】下面程序的运行结果是【 】。

```
#include <stdio.h>
int main()
{ unsigned a=0361, x,y; int n=5;
  x=a <<(16-n); printf("x=%o\n", x );
  y=a >>n;     printf("y1=%o\n", y );
```

```
    y |=x;          printf("y2=%o\n", y );
    return 0;
    }
```

【题 11.46】把 int 类型变量 low 中的低字节及变量 high 中的高字节放入变量 s 中的表达式是【 】。

【题 11.47】以下程序的运行结果是【 】。

```
#include <stdio.h>
int main( )
{ char a=0x95,b,c;
  b=(a & 0xf)<<4;
  c=(a & 0xf0)>>4;
  a=b | c;
  printf("%x\n",a);
  return 0;
}
```

【题 11.48】下面程序的功能是实现左右循环移位,当输入位移的位数是一正整数时循环右移,输入一负整数时循环左移。请填空。

```
#include <stdio.h>
unsigned moveleft(unsigned,int);
unsigned moveright(unsigned,int);
int main( )
{ unsigned a;
  int n;
  printf("请输入一个八进制数:");  scanf("%o",&a);
  printf("请输入位移的位数:");  scanf("%d",&n);
  if【1】
    { moveright(a,n);
      printf("循环右移的结果为:%o\n",moveright(a,n));
    }
  else
    {【2】;
      moveleft(a,n);
      printf("循环左移的结果为:%o\n",moveleft(a,n));
    }
  return 0;
  }
unsigned moveright(unsigned value, int n )
{ unsigned z;
  z=(value>>n)|(value<<(16-n));
  return(z);
}
```

```
unsigned moveleft(unsigned value, int n )
{ unsigned z;
  【3】;
  return(z);
}
```

【题 11.49】 以下函数的功能是计算所用计算机中 int 型数据的字长（即二进制位）的位数。（注：不同类型机器上 int 型数据所分配的长度不同，该函数具有可移植性。）请填空。

```
int wordlength( )
{ int i;
  unsigned int v=【1】;            //将 int 型单元各二进制位置 1
  for( i=1; (v=v>>1)>0; i++);      //计算 int 单元中的位数
  return(【2】);
}
```

【题 11.50】 请读以下函数：

```
unsigned getbits(unsigned x, unsigned p, unsigned n)
{ x=((x<<(p+1-n)) & ~ ((unsigned)~ 0>>n));
  return(x);
}
```

假设计算机的无符号整数字长为 16 位。若调用此函数时 x=0115032，p=7，n=4，则函数返回值的八进制数是【　】。

【题 11.51】 设 x 为无符号整数。表达式 x^(~(~0<<n)<<(p+1-n)) 的作用是将 x 中从第 p 位开始的 n 位求反（1 变 0，0 变 1），其他位不变。请按表达式的求值顺序写出分解步骤，并解释含义。

第12章 文 件

12.1 选 择 题

【题 12.1】 设 fp 是指向某个文件的指针，且已读到该文件末尾，则 feof(fp) 的函数返回值是_____。

A) EOF   B) −1   C) 1   D) NULL

【题 12.2】 若要指定打开 D 盘 myfile 文件夹中的二进制文件 test.bin，在调用函数 fopen 时，文件标识的正确格式是_____。

A) "D:myfile\test.bin"   B) "D:\myfile\\test.bin"

C) "D:\\myfile\\test.bin"   D) "D:\myfile\test.bin"

【题 12.3】 若执行 fopen 函数时发生错误，则函数的返回值是_____。

A) 地址值   B) 0   C) 1   D) EOF

【题 12.4】 若要用 fopen 函数建立一个新的二进制文件，该文件既要能读也要能写，则文件使用方式应是_____。

A) "ab+"   B) "wb+"   C) "rb+"   D) "ab"

【题 12.5】 若以 "a+" 方式打开一个已存在的文本文件，则以下叙述正确的是_____。

A) 文件打开时，原有文件内容不被删除，位置指针移到文件末尾，可用作添加和读操作

B) 文件打开时，原有文件内容不被删除，位置指针移到文件开头，可用作重写和读操作

C) 文件打开时，原有文件内容被删除，只可用作写操作

D) 以上各种说法皆不正确

【题 12.6】 正常执行文件关闭操作时，fclose 函数的返回值是_____。

A) EOF(−1)   B) −1   C) 0   D) 1

【题 12.7】 下列关于 C 语言文件叙述正确的是_____。

A) 文件由一系列数据依次排列组成，只能构成二进制文件

B) 文件由结构序列组成，可以构成二进制文件或文本文件

C) 文件由数据序列组成，可以构成二进制文件或文本文件

D) 文件由字符序列组成，其类型只能是文本文件

【题 12.8】 若有下列定义和说明：

```
#include <stdio.h>
struct std
{ char num[6];
```

```
    char name[8];
    float mark[4];
} a[30];
FILE * fp;
```

则以下不能将文件内容读入数组 a 中的语句组是_____。

A) for(i=0; i<30; i++)

    fread(&a[i], sizeof(struct std), 1, fp);

B) for(i=0; i<30; i++,i++)

    fread(&a[i], sizeof(struct std), 2, fp);

C) fread(a, sizeof(struct std), 30, fp);

D) for(i=0; i<30; i++)

    fread(a[i], sizeof(struct std), 1, fp);

【题 12.9】 fscanf 函数的正确调用格式是_____。

A) fscanf(文件指针,输入表列,格式字符串);

B) fscanf(格式字符串,输入表列,文件指针);

C) fscanf(格式字符串,文件指针,输入表列);

D) fscanf(文件指针,格式字符串,输入表列);

【题 12.10】 以下关于 fwrite 函数的不正确描述是_____。

A) 正确执行 fwrite 函数后的函数返回值为一个整数

B) 若已经指定打开一个二进制文件,则可以使用 fwrite 函数将任何合法类型的数据写进该文件中

C) fwrite 函数适用于向一个二进制文件写入一组数据,该函数的类型为 int 型

D) fwrite 函数和 fprintf 函数的调用方式完全相同

【题 12.11】 以下关于 fgetc 函数的正确描述是_____。

A) 正确执行 fgetc 函数后的函数返回值是－1

B) fgetc 函数用来从指定的文件读入一个字符或一个字符串

C) 正确执行 fgetc 函数后的函数返回值是从指定文件中读入的字符

D) 以上描述都不正确

【题 12.12】 若调用 fputc 函数输出字符成功,则其返回值是_____。

A) EOF   B) －1   C) 0   D) 所输出的字符

【题 12.13】 函数 fgets(p1, k, f1)的功能是_____。

A) 从 f1 指向的文件中读取一个长度为 k 的字符串存入起始地址为 p1 的空间

B) 从 f1 指向的文件中读取 k－1 个字符串存入起始地址为 p1 的空间

C) 从 f1 指向的文件中读取 k 个字符串存入起始地址为 p1 的空间

D) 从 f1 指向的文件中读取一个长度为 k－1 的字符串存入起始地址为 p1 的空间

【题 12.14】设有以下结构体类型:

```
struct st
{ char name[8];
  int num;
  float s[4];
} student[50];
```

且结构体数组 student 中的元素都已赋值,若要将这些元素值写到 fp 指向的
文件中,以下不正确的形式是 _____ 。

A) fwrite(student, sizeof(struct st), 50, fp);

B) fwrite(student, 50* sizeof(struct st), 1, fp);

C) fwrite(student, sizeof(struct st), 1, fp);

D) for(i=0; i<50; i++)
        fwrite(student, sizeof(struct st), 1, fp);

【题 12.15】下列程序的运行结果是_____。

```
#include <stdio.h>
int main()
{
    FILE * fp;
    int a[10]={2,4,6},i,n;
    fp=fopen("test.dat","w");
    for (i=0;i<3;i++)
                fprintf(fp,"%d",a[i]);
    fprintf(fp,"\n");
    fclose(fp);
    fp=fopen("test.dat","r");
    fscanf(fp,"%d",&n);
    fclose(fp);
    printf("%d\n",n);
    return 0;
}
```

A) 24600   B) 2   C) 246   D) 642

【题 12.16】函数 fseek(fp, -20L, 2)的含义是_____。

A) 将文件指针 fp 移到距离文件开始位置 20 个字节处

B) 将文件指针 fp 从当前位置向后移 20 个字节

C) 将文件指针 fp 从文件末尾位置向后退 20 个字节

D) 将文件指针 fp 移到距离当前位置 20 个字节处

【题 12.17】调用 fseek 函数可实现的操作是 _____ 。

A) 改变文件的位置标记

B) 文件的顺序读写

C) 文件的随机读写

D) 以上答案均正确

【题 12.18】fseek 函数的正确调用形式是 _____。

A) fseek(文件类型指针,起始点,位移量);

B) fseek(文件类型指针,位移量,起始点);

C) fseek(位移量,起始点,文件类型指针);

D) fseek(起始点,位移量,文件类型指针);

【题 12.19】函数 rewind 的作用是 _____。

A) 使文件位置指针重新返回文件的开头

B) 将文件位置指针指向文件中所要求的特定位置

C) 使文件位置指针指向文件的末尾

D) 使文件位置指针自动移至下一个字符位置

【题 12.20】函数 ftell(fp)的作用是 _____。

A) 得到流式文件中文件位置指针的当前位置

B) 移动流式文件的文件位置指针

C) 初始化流式文件的文件位置指针

D) 以上答案均正确

【题 12.21】下面程序的功能是实现人员登录。即每当从键盘接收一个姓名,便在文件
member.dat 中进行查找。若此姓名已存在,则显示相应信息;若文件中没有
该姓名,则将其存入文件(若文件 member.dat 不存在,应在磁盘上建立一个
新文件)。当输入姓名时按<回车>键或处理过程中出现错误时程序结束。
请选择填空。

```
#include <stdio.h>
#include<string.h>
#include<stdlib.h>
int main( )
  { FILE * fp;
    int flag;
    char name[20], data[20];
    if ( (fp=fopen( "member.dat",【1】) ) ==NULL )
      { printf( "Cannot open file !\n" );
        exit(0);}
    do
      { printf( "Enter name: " );
        【2】;
        if ( strlen(name) ==0 )
          break;
        strcat ( name, "\n" );
        rewind( fp );
        flag=1;
```

```
        while ( flag && ( ( fgets( data, 30, fp ) !=NULL) ) )
          if ( strcmp( data, name ) ==0 )
             flag=0;
        if ( flag )
          fputs(name,fp);
        else
          printf( "\t This name has been existed!\n" );
      }
    while (【3】); /* 读写正确就循环 */
    fclose(fp);
    return 0;
  }
```

【1】A）"w"　　　　B）"w+"　　　　C）"r+"　　　　D）"a+"

【2】A）fgets(name)　　　　　　B）gets(name)

　　C）scanf(name)　　　　　　D）getc(name)

【3】A）ferror(fp)==0　　　　　B）ferror(fp)==1

　　C）ferror(fp)!=0　　　　　D）!(ferror(fp)==0)

【题 12.22】以下关于 fprintf 函数的不正确描述是_____。

A）fprintf 函数用于把数据按照指定格式写到一个文件中

B）fprintf 函数的返回值是实际写入文件的字符数

C）调用 fprintf 函数比调用 fwrite 函数花费时间更多

D）fprintf 函数的操作对象可以是一个指定的文件或者是计算机终端

【题 12.23】已知函数的调用形式是：fread(buffer，size，count，fp)；，其中 buffer 代表的是_____。

A）一个整型变量，代表要读入的数据项总数

B）一个文件指针，指向要读的文件

C）一个指针，指向存放从文件读入数据的存储区地址

D）一个存储区，存放要读的一组数据

【题 12.24】以下关于 ferror 函数的不正确描述是_____。

A）ferror 函数的返回值为 0（假），表示正确调用了文件的读写函数（如 fread、fwrite 等函数）

B）对于同一个文件多次调用读写函数时，ferror 函数值保持不变

C）对于同一个文件每一次调用读写函数时，都会产生一个新的 ferror 函数值

D）在每次执行 fopen 函数时，ferror 函数的初始值自动置为 0

12.2　填　空　题

【题 12.25】在 C 程序中，文件可以用【1】方式存取，也可以用【2】方式存取。

【题 12.26】C 语言中对某个文件进行读写操作前应该调用【1】函数"打开"该文件；对该文

件操作结束后应该调用【2】函数"关闭"该文件。

【题 12.27】 当调用 fputc 函数失败时，返回值为文件结束标志【1】；调用成功时，返回值为写入文件的【2】。

【题 12.28】 函数调用语句 fgets(buf，n，fp)；的作用是从 fp 指向的文件中读入【1】个字符，放到 buf 字符数组中。函数返回值为【2】。

【题 12.29】 若在文本文件 letter.txt 中已有内容为 hello，则运行以下程序后文件 lettet.txt 中的内容为【　】。

```
#include <stdio.h>
int main()
{
    FILE * fp;
    fp=fopen("letter.txt","w");
    fprintf(fp,"%s","you");
    fclose(fp);
    return 0;
}
```

【题 12.30】 若要在 C 程序中定义 fp 为文件类型指针变量，则应使用的定义形式是【1】；在该程序开头需要包含的头文件说明是【2】。

【题 12.31】 以下程序的功能是：统计文件 letter.txt 中小写字母 c 的个数。请填空。

```
#include <stdio.h>
#include <stdlib.h>
int main()
{ char ch;
  long n=0;
  FILE * fp;
  if((fp=fopen("letter.txt","r"))==NULL)
      { printf("Cannot open file!\n");
        exit(0);}
  while(【1】)
      { m=【2】;
        if(ch=='c') n++;}
  printf("n=%ld\n",n);
  fclose(fp);
  return 0;
}
```

【题 12.32】 设文件 num.dat 中已存放了一组整数。以下程序的功能是【　】。

```
#include <stdio.h>
#include <stdlib.h>
int main()
```

```
{ int p=0,n=0,z=0,temp;
  FILE * fp;
  fp=fopen("num.dat","r");
  if(fp==NULL)
    printf("Cannot open file!\n");
  else
    { while(!feof(fp))
      { fscanf(fp,"%d",&temp);
        if(temp>0) p++;
        else if(temp<0) n++;
        else Z++;
      }
    }
  fclose(fp);
  printf("positive=%d,negative=%d,zero=%d\n",p,n,z);
  return 0;
}
```

【题 12.33】 执行以下程序段后，文件 e12_33.dat 中的内容是【1】，屏幕上的输出结果是【2】。

```
char b='F';
int a=1;
FILE * fp;
fp=fopen("e12_33.dat","w");
fprintf(fp,"%d,%c",a,b);
printf("a=%d,b=%c\n",a,b);
fclose(fp);
```

【题 12.34】 下面程序的功能是判断一个指定文件是否能正常打开。请填空。

```
#include <stdio.h>
int main()
{ FILE【1】;
  if ((fp=fopen("test.dat","r"))==【2】)
    printf("Cannot open file! \n");
  else
    printf("Open file successfully! \n");
  return 0;
}
```

【题 12.35】 以下程序的功能是：首先由键盘输入一个文件名，存放到字符数组 fname 中；再从键盘输入字符赋给变量 ch，将 ch 写入 fp 所指向的文件中，用"!"结束输入。请填空。

```
#include <stdio.h>
#include <stdlib.h>
```

```
int main( )
{   FILE * fp;
    char ch, fname[10];
    printf("Input name of file:\n");
    gets(fname);
    if((fp=fopen(fname,"wb"))==NULL)
       { printf("Cannot open file!\n");
         exit(0); }
    printf("Enter data:\n");
    while(【1】!='! ')
      fputc(【2】);
    fclose (fp);
    return 0;
}
```

【题 12.36】下面程序的功能是：从一个二进制文件 e12_36.dat 中读入结构体数据，并把该数据显示在终端屏幕上。请填空。

```
#include <stdio.h>
#include <stdlib.h>
void reout(FILE * fp);
struct rec
   { int   num;
     float total;
   }
int main( )
   { FILE * fp;
     fp=fopen("e12_36.dat","rb" );
     reout( fp );
     fclose( fp );
     return 0;
   }
reout(【1】)
   { struct rec r;
     while (!feof(fp))
     { fread( &r,【2】,1,fp );
       printf( "%d,%f\n",【3】);
     }
   }
```

【题 12.37】以下程序的功能是从键盘输入 4 名学生的姓名、学号、年龄、住址并存入文件 stu.dat 中。请填空。

```
#include <stdio.h>
#include <stdlib.h>
struct student_type
```

```
{   char name[10];
    int num;
    int age;
    char addr[15];
}stud[4];
void save( )
{   FILE * fp;
    int i;
    if((fp=fopen("stu.dat","wb"))==NULL)
      {   printf("Cannot open file !\n");
          return;   }
    for(i=0;i<4;i++)
        if(fwrite(【1】)!=1)
          printf("File writing error!\n");
    fclose(fp);
}
int main( )
{   int i;
    printf("Please enter data of students:\n");
    for(i=0;i<4;i++)
          scanf("%s%d%d%s",stud[i].name,【2】,【3】,stud[i].addr);
    save( );
    return 0;
}
```

【题 12.38】设在 e12_38.dat 文件中已存放若干工人的姓名、生产数量、产品等级。以下程序段的功能是：将生产数量低于 50 或产品等级为 C 的所有工人信息显示在屏幕上。请填空。

```
char name[10],a;
int n;
FILE * fp;
fp=fopen(【1】);
if(fp==0)
  { printf("Cannot open file !\n");
    exit(0);}
while(feof(fp)==0)
  {fscanf(【2】,"%s%d%c",name,&n,&a);
   if(n<50||a=='C')
     printf("Name: %s  Product quantity: %d  Product grade: %c\n",name,
   n,a);
  }
fclose(fp);
```

【题 12.39】以下程序的功能是：将 5 道题的题号和正确答案写到 correct.txt 文件中，将学生答案按照相同顺序存放在 answer.txt 文件中。请填空。

```
#include <stdio.h>
#include <stdlib.h>
int main()
{ FILE * fp, * fq;
  【1】=fopen("correct.txt","w");
  【2】=fopen("answer.txt","w");
  if(fp==NULL)
    { printf("Cannot open file!\n");
      exit(0);}
  if(fq==NULL)
    { printf("Cannot open file!\n");
      exit(0);}
  fprintf(fp,"%3d%2c\n",1,'A');fprintf(fq,"%3d%2c\n",1,'B');
  fprintf(fp,"%3d%2c\n",2,'C');fprintf(fq,"%3d%2c\n",2,'C');
  fprintf(fp,"%3d%2c\n",3,'B');fprintf(fq,"%3d%2c\n",3,'B');
  fprintf(fp,"%3d%2c\n",4,'D');fprintf(fq,"%3d%2c\n",4,'A');
  fprintf(fp,"%3d%2c\n",5,'D');fprintf(fq,"%3d%2c\n",5,'D');
  【3】
  return 0;
}
```

【题 12.40】以下程序的功能是：将数组 a 的 4 个元素和数组 b 的 6 个元素写到名为 letter.dat 的二进制文件中。请填空。

```
#include <stdio.h>
#include <stdlib.h>
int main()
{   char a[]="1357",b[]="abcdef";
    FILE * fp;
    if((fp=fopen(【1】))==NULL)
    {  printf("Cannot open file!\n");
       exit(0);}
    fwrite(a,sizeof(char),4,fp);
    fwrite(b,【2】,1,fp);
    fclose(fp);
    return 0;
}
```

【题 12.41】下列程序的运行结果是【 】。

```
#include <stdio.h>
#include <stdlib.h>
int main()
{
    FILE * fp;
    int a[4]={2,4,6,8},i,b;
```

```
fp=fopen("test.dat","wb");
for (i=0;i<4;i++)
            fwrite(&a[i],sizeof(int),1,fp);
fclose(fp);
fp=fopen("test.dat","rb");
fseek(fp,-2L*sizeof(int),2);
fread(&b,sizeof(int),1,fp);
fclose(fp);
printf("%d\n",b);
return 0;
}
```

【题 12.42】以下程序的功能是：将 2～20 的所有素数输出到 D 盘 file1 文件夹的文件 e12
_42.dat 中,同时也在屏幕上显示。请填空。

```
#include <stdio.h>
#include <math.h>
#include <stdlib.h>
int myprime(int a)
{  int i,end;
   end=(int)sqrt((double)a);
   for(i=2;i<=end;i++)
     if(a%i==0) return 0;
   return 1;
}
int main()
{  int i;
   FILE * fp;
   fp=【1】;
   if(fp==NULL)
     { printf("Cannot open file!\n");
       exit(0);}
   for(i=2;i<=20;i++)
     if(【2】)
       { fprintf(【3】,"%3d",i);
         printf("%3d",i);}
   fclose(fp);
   return 0;
}
```

【题 12.43】假设执行以下程序之前文件 e12_43.txt 的内容为 sample,则以下程序的功能
是【】。

```
#include <stdio.h>
#include <stdlib.h>
int main()
```

```
{ FILE * fp;
  long position;
  fp=fopen ("e12_43.txt","a");
  position=ftell(fp);
  printf ( "position=%ld\n" , position );
  fprintf (fp ,"%s" "sample data\n" );
  position=ftell(fp);
  printf ( "position=%ld\n" , position );
  fclose (fp);
  return 0;
}
```

【题 12.44】以下程序的功能是将文件 file1.c 的内容输出到屏幕上并复制到文件 file2.c 中。请填空。

```
#include <stdio.h>
#include <stdlib.h>
int main( )
{   FILE【1】;
    fp1=fopen("file1.c","r");
    fp2=fopen("file2.c","w");
    while(!feof(fp1)) putchar(getc(fp1));
       【2】
    while(!feof(fp1)) putc(【3】);
    fclose(fp1);
    fclose(fp2);
    return 0;
}
```

【题 12.45】以下程序的运行结果是【 】。

```
#include <stdio.h>
int main()
{   FILE * fp;
    int i,a[6]={1,2,3,4,5,6};
    fp=fopen("text.txt","a+");
    for(i=0;i<6;i++)
        fprintf(fp,"%d\n",a[i]);
    rewind(fp);
    for(i=0;i<6;i++)
        fscanf(fp,"%d",&a[5-i]);
    fclose(fp);
    for(i=0;i<6;i++)
        printf("%d,",a[i]);
    return 0;
}
```

【题 12.46】 以下程序的功能是：将文件 stud_dat 中第 i 个学生的姓名、学号、年龄、性别进行输出。请填空。

```
#include <stdio.h>
#include <stdlib.h>
struct student_type
  { char name[10];
    int num;
    int age;
    char sex;
  } stud[10];
int main()
  { int i;
    FILE 【1】;
    if((fp=fopen("stud_dat","rb"))==NULL)
      { printf("cannot open file\n");
        exit(0);}
    scanf("%d",&i);
    fseek(【2】);
    fread(【3】,sizeof(struct student_type),1,fp);
    printf("%s%d%d%c\n",stud[i].name,
           stud[i].num,stud[i].age,stud[i].sex);
    fclose(fp);
    return 0;
}
```

【题 12.47】 如果要求打开一个 D 盘根文件夹下名为 file1.txt 的二进制文件且用于读和追加写方式，则调用打开该文件的函数格式为【1】；如果要求打开一个 D 盘一级文件夹 data 下名为 file2.txt 的文本文件且用于只写方式，则调用打开该文件的函数格式为【2】。

12.3 编 程 题

【题 12.48】 请编写程序统计文件 txt.dat 中字母字符的个数。

【题 12.49】 请编写程序实现文件之间的复制功能。

【题 12.50】 设文件 number.dat 中存放了一组整数。请编写程序统计并输出文件中正整数、零和负整数的个数。

【题 12.51】 设文件 student.dat 中存放着一年级学生的基本信息，这些信息由以下结构体描述：

```
struct student
{ long int num;             //Student number
  char name[10];            //Name
```

```
    int age;                //Age
    char sex;               //Sex
    char speciality[20];    //Major
    char addr[40];          //Address
};
```

请编写程序,输出学号范围为 230101～230135 的学生学号、姓名、年龄和性别。

【题 12.52】 假设 A、B 两名工人生产同一产品,两人每月生产的数量如下:

```
1    20    23
2    28    22
3    21    24
4    24    27
5    29    20
6    28    23
7    26    26
8    23    28
9    20    22
10   25    25
11   26    29
12   28    30
```

其中各行的 3 个数据分别表示月份、A 工人生产量、B 工人生产量。请编写程序,将这些数据写到 D 盘 file1 文件夹中的二进制文件 e12_52.dat 中。

【题 12.53】 请编写程序:从键盘输入一个字符串,将其中的小写字母全部转换成大写字母,输出到磁盘文件 upper.txt 中保存。输入的字符串以"!"结束。然后再将文件 upper.txt 中的内容读出并显示在屏幕上。

第二部分　参考答案

第1章　程序设计和C语言

1.1　选择题

【题1.1】C　　　　　【题1.2】A　　　　　【题1.3】D

【题1.4】C　　　　　【题1.5】B

1.2　填空题

【题1.6】变量

【题1.7】【1】有一个或多个输出　　　　　【2】有效性

【题1.8】【1】编译　　【2】连接

【题1.9】【1】顺序结构　【2】选择结构　　　　　【3】循环结构

【题1.10】函数

【题1.11】主函数（或 main 函数 ）

【题1.12】【1】scanf　　【2】printf

第2章　数据类型、运算符和表达式

2.1　选择题

【题2.1】A　　　　　【题2.2】B　　　　　【题2.3】C

【题2.4】C　　　　　【题2.5】A　　　　　【题2.6】C

【题2.7】B　　　　　【题2.8】B　　　　　【题2.9】A

【题2.10】B　　　　　【题2.11】C　　　　　【题2.12】C

【题2.13】D　　　　　【题2.14】A　　　　　【题2.15】A

【题2.16】C　　　　　【题2.17】C　　　　　【题2.18】B

【题2.19】D　　　　　【题2.20】C　　　　　【题2.21】B

【题2.22】A　　　　　【题2.23】A　　　　　【题2.24】D

【题2.25】D　　　　　【题2.26】A　　　　　【题2.27】D

【题2.28】A　　　　　【题2.29】A　　　　　【题2.30】B

【题2.31】C　　　　　【题2.32】C　　　　　【题2.33】A

【题2.34】D　　　　　【题2.35】D　　　　　【题2.36】B

【题 2.37】C   【题 2.38】B

2.2 填空题

【题 2.39】【1】5.000000

【题 2.40】【1】用户标识符   【2】预定义标识符

【题 2.41】【1】字母   【2】数字   【3】下画线

【题 2.42】【1】换行   【2】回车

【题 2.43】【1】float   【2】double   【3】char

【题 2.44】【1】a>c||b>c

　　　　　【2】(a>0&&b>0&&c<0) || (a>0&&c>0&&b<0) || (c>0&&b>0&&a<0)

　　　　　【3】(c%2)==0

【题 2.45】【1】按位与   【2】地址与

【题 2.46】【1】整型   【2】变量

【题 2.47】变量

【题 2.48】112.0(double 型)

【题 2.49】-16

【题 2.50】【1】单精度型(或 float 型)   【2】双精度型(或 double 型)

【题 2.51】【1】整型   【2】字符型   【3】枚举型

【题 2.52】f

【题 2.53】1

【题 2.54】26

【题 2.55】【1】12   【2】4

【题 2.56】【1】6   【2】4   【3】2

【题 2.57】-60

【题 2.58】2

【题 2.59】【1】10   【2】6

【题 2.60】5.500000

【题 2.61】3.500000

【题 2.62】(3)

【题 2.63】1

【题 2.64】0

【题 2.65】9

【题 2.66】X * (X * (X * (X * (X * (X * (5 * X+3)-4)+2)+1)-6)+1)+10

【题 2.67】8.000000

【题 2.68】13.700000

【题 2.69】2

【题 2.70】双精度型(或 double 型)

【题 2.71】m/10%10 * 100＋m/100 * 10＋m%10

第 3 章   最简单的 C 程序

3.1   选择题

【题 3.1】A　　　　　　【题 3.2】B　　　　　　【题 3.3】C

【题 3.4】B　　　　　　【题 3.5】D　　　　　　【题 3.6】B

【题 3.7】C　　　　　　【题 3.8】A　　　　　　【题 3.9】D

【题 3.10】C　　　　　【题 3.11】D　　　　　【题 3.12】A

【题 3.13】【1】B　　　【2】B

【题 3.14】B　　　　　【题 3.15】D　　　　　【题 3.16】B

【题 3.17】B　　　　　【题 3.18】B　　　　　【题 3.19】D

【题 3.20】C　　　　　【题 3.21】A　　　　　【题 3.22】A

【题 3.23】B　　　　　【题 3.24】B　　　　　【题 3.25】B

【题 3.26】A　　　　　【题 3.27】D

3.2   填空题

（注：答案中的□代表空格）

【题 3.28】i：dec＝－4，oct＝37777777774，hex＝fffffffc，unsigned＝4294967292

【题 3.29】 * 3.140000，3.142 *

【题 3.30】c：dec＝120，oct＝170，hex＝78，char＝x

【题 3.31】7，2

【题 3.32】3，9

【题 3.33】Z，A

【题 3.34】x＝1 y＝2 * sum * ＝3

　　　　　10 Squared is：100

【题 3.35】24，13

【题 3.36】1，3，0

【题 3.37】【1】可以使同一输出语句中的输出宽度得以改变。

　　　　　【2】##1

　　　　　##□2

　　　　　##□□3

【题 3.38】ab

【题 3.39】a＝＋00325 x＝＋3.141593e＋000

【题 3.40】a＝374□a＝0374

　　　　　a＝fc□a＝0xfc

【题 3.41】2 48 20.0 20.0

【题 3.42】55，，A

【题 3.43】261

【题 3.44】20

【题 3.45】3.6

【题 3.46】a＝66,b＝E

【题 3.47】【1】b【2】b【3】b

【题 3.48】【1】t＝a【2】c＝t

【题 3.49】【1】未指明变量 k 的地址。

　　　　【2】格式控制符与变量类型不匹配。

　　　　　　scanf 语句的正确形式应该是：scanf("%f",&k);

【题 3.50】【1】scanf("%d%f%f%c%c",&a,&b,&x,&c1,&c2);

　　　　【2】3□6.5□12.6aA＜回车＞

【题 3.51】A□□□B□□□＜回车＞

【题 3.52】a＝3□b＝7x＝8.5□y＝71.82c1＝A□c2＝a＜回车＞

3.3　编程题

【题 3.53】#include <stdio.h>
```
        int main( )
        { float pi,r,h,cl,cs,cvz;
          printf("请输入圆的半径 r 和圆柱的高 h: ");
          scanf("%f%f",&r,&h);
          pi=3.14159;
          cl=2 * pi * r;
          cs=pi * r * r;
          cvz=pi * r * r * h;
          printf("圆周长为: %6.2f\n",cl);
          printf("圆面积为: %6.2f\n",cs);
          printf("圆柱的体积为: %6.2f\n",cvz);
          return 0;
        }
```

【题 3.54】#include <stdio.h>
```
        int main( )
        { char ch;
          printf("请输入一个字母: ");
          scanf("%c",&ch);
          printf("字母%c 对应的 ASCII 码为%d\n",ch,ch);
          return 0;
        }
```

【题 3.55】#include <stdio.h>
```
        int main( )
```

```
{ int x,y;
  printf("请输入两个整数：");
  scanf("%d%d",&x,&y);
  printf("两数的商是%5.2f,两数的余数是%d\n",(double)x/y,x%y);
  return 0;
}
```

第 4 章　逻辑运算和选择结构

4.1　选择题

【题 4.1】D　　　　　　　【题 4.2】C　　　　　　　【题 4.3】C

【题 4.4】C　　　　　　　【题 4.5】C　　　　　　　【题 4.6】C

【题 4.7】D　　　　　　　【题 4.8】C　　　　　　　【题 4.9】C

【题 4.10】B　　　　　　 【题 4.11】B　　　　　　 【题 4.12】B

【题 4.13】D　　　　　　 【题 4.14】【1】B　　　　 【2】A

【题 4.15】C　　　　　　 【题 4.16】D

【题 4.17】B　　　　　　 【题 4.18】B　　　　　　 【题 4.19】D

【题 4.20】B　　　　　　 【题 4.21】B　　　　　　 【题 4.22】C

【题 4.23】C　　　　　　 【题 4.24】B　　　　　　 【题 4.25】B

【题 4.26】A　　　　　　 【题 4.27】B　　　　　　 【题 4.28】B

【题 4.29】A　　　　　　 【题 4.30】D　　　　　　 【题 4.31】A

【题 4.32】C　　　　　　 【题 4.33】A　　　　　　 【题 4.34】A

4.2　填空题

【题 4.35】0　　　　　　 【题 4.36】5　　　25　　　1

【题 4.37】非 0 的数字　　【题 4.38】(y%2)==1

【题 4.39】【1】&&　　　 【2】||　　　　　　　　【3】!

【题 4.40】x<z || y<z

【题 4.41】((x<0)&&(y<0)) || ((x<0) && (z<0)) || ((y<0) && (z<0))

【题 4.42】0　　　　　　 【题 4.43】1　　　　　　 【题 4.44】0

【题 4.45】0　　　　　　 【题 4.46】1　　　　　　 【题 4.47】0

【题 4.48】1

【题 4.49】x>2 && x<3 || x<-10
　　　　或 ((x>2) && (x<3)) || (x<-10)

【题 4.50】【1】0　　　 【2】1

【题 4.51】z=1

【题 4.52】a1=1 a2=1
　　　　b1=0 b2=1

【题 4.53】1

【题 4.54】if (a>b) { scanf("%d",&a); n++; }
          else { scanf("%d",&b); m++; }

【题 4.55】【1】$b=\begin{cases}-1 & (a<0)\\ 0 & (a=0)\\ 1 & (a>0)\end{cases}$　　【2】$b=\begin{cases}-1 & (a<0)\\ 0 & (a=0)\\ 1 & (a>0)\end{cases}$

【题 4.56】要求 1：(x * x+y * y>a * a)&&(x * x+y * y<b * b)
　　　　　要求 2：((x==2||x==4)||(x>=6&&x<=8))

【题 4.57】输入两个数 x、y,比较 x＋y 和 x * y 哪个大。

【题 4.58】1

【题 4.59】2nd class postage is 14p

【题 4.60】Selling Price (0.30) $ 5.72

【题 4.61】4：05 PM

【题 4.62】【1】m==' a'　【2】m==' c'　　　　【3】m==' b'

【题 4.63】3635.4

【题 4.64】【1】u,v　　【2】x>y　　　　【3】u>z

【题 4.65】【1】y<z　　【2】x<z　　　　【3】x<y

【题 4.66】【1】c=c+5　【2】c=c-21

【题 4.67】【1】ch>=' A '&& ch<=' Z '　　　【2】ch=ch-32

【题 4.68】20

【题 4.69】4　　　－2
　　　　　4　　　　0
　　　　　4　　　－2

【题 4.70】【1】i>=M‖i<=0【2】i,n

【题 4.71】a<=0 且 a==b

【题 4.72】【1】x>2 && x<=10　　　　【2】x>-1 && x<=2
　　　　　【3】y=-1

【题 4.73】【1】x==a ‖ x==-a　　　　【2】x>-a && x<a

【题 4.74】【1】a+b>c && b+c>a && a+c>b
　　　　　【2】a==b && b==c
　　　　　【3】a==b ‖a==c‖b==c

【题 4.75】【1】r=-1　【2】r=0.7　　　【3】mon=weigh * r+0.2

【题 4.76】【1】c==t　【2】c>t　　　　【3】c>=50

【题 4.77】【1】y%4==0 && y%100!=0　　【2】f=0

【题 4.78】【1】<　　　【2】==　　　　【3】<

【题 4.79】1,-13,-7　　【题 4.80】0,1

【题 4.81】b=2　　　　【题 4.82】yes

【题 4.83】Q　　　　　【题 4.84】1992 is a leap year

【题 4.85】！state

【题 4.86】【1】3　　　　　【2】2　　　　　【3】2

【题 4.87】【1】1　　　　　【2】2　　　　　【3】2

【题 4.88】【1】x<110&&x>=100　　　　　【2】（x<60）||（x>109）

　　　　　【3】m＝0

【题 4.89】（2）

【题 4.90】0.600000

【题 4.91】【1】mark / 10

　　　　　【2】case 0：case 1：case 2：case 3：case 4：case 5：

　　　　　【3】case 9：case 10：

【题 4.92】60～69

　　　　　<60

　　　　　error！

【题 4.93】＊＊1＊＊

　　　　　＊＊3＊＊

【题 4.94】【1】x<0　　　　【2】x/10　　　　　【3】y！＝－2

【题 4.95】# &

【题 4.96】x＝5

　　　　　The value of x is unknown.

【题 4.97】【1】a/500　　　【2】r＝0.08

【题 4.98】【1】r1＝1.35　【2】'e'　　　　　【3】a＊r1＊（1－r2）

【题 4.99】【1】len＝31　【2】len＝29　　　　【3】len＝28

【题 4.100】& #

4.3　编程题

【题 4.101】
```
#include <stdio.h>
    int main( )
    { int a,b,x,y;
      scanf("%d %d",&a,&b);
      x=a*a+b*b;
      if( x>100)
        { y=x/100;printf("%d",y);}
      else printf("%d",x);
      return 0;
    }
```

【题 4.102】
```
#include <stdio.h>
    int main( )
    { int x;
      scanf("%d",&x);
      if(x%5==0 && x%7==0)
```

```
            printf("yes");
        else
            printf("no");
        return 0;
    }
```

【题 4.103】
```c
#include <stdio.h>
#include <math.h>
int main()
{
    int num,indiv,ten,hundred,thousand,ten_thousand,place;
    printf("Enter an integer(0-99999):");
    scanf("%d",&num);
    if (num>9999)
            place=5;
    else if (num>999)
            place=4;
    else if (num>99)
            place=3;
    else if (num>9)
            place=2;
    else place=1;
    printf("Digits:%d\n",place);
    printf("Each number is:");
    ten_thousand=num/10000;
    thousand=(int)(num-ten_thousand*10000)/1000;
    hundred=(int)(num-ten_thousand*10000-thousand*1000)/100;
    ten=(int)(num-ten_thousand*10000-thousand*1000-hundred*100)/10;
    indiv=(int)(num-ten_thousand*10000-thousand*1000-hundred*100-ten*10);
    switch(place)
    {case 5: printf("%d,%d,%d,%d,%d",ten_thousand,thousand,hundred,ten,
            indiv);
            printf("\nReverse order is:");
    printf("%d,%d,%d,%d,%d\n",indiv,ten,hundred,thousand,ten_thousand);
            break;
    case 4:printf("%d,%d,%d,%d",thousand,hundred,ten,indiv);
            printf("\nReverse order is:");
            printf("%d,%d,%d,%d\n",indiv,ten,hundred,thousand);
            break;
    case 3:printf("%d,%d,%d",hundred,ten,indiv);
            printf("\nReverse order is:");
            printf("%d,%d,%d\n",indiv,ten,hundred);
            break;
    case 2:printf("%d,%d",ten,indiv);
            printf("\nReverse order is:");
            printf("%d,%d\n",indiv,ten);
```

```
                         break;
            case 1:printf("%d",indiv);
                    printf("\nReverse order is:");
                    printf("%d\n",indiv);
                    break;
            }
            return 0;
        }
```

【题 4.104】
```
#include <stdio.h>
int main()
{ int x;
 scanf( "%d", &x );
 if( ( x%3==0 ) && ( x%5==0 ) && ( x%7==0 ) )
   printf("%d can be divided by 3,5,7\n",x);
 else if ( ( x%3==0 ) && ( x%5==0 ) )
   printf("%d can be divided by 3,5\n",x);
 else if ( ( x%3==0 ) && ( x%7==0 ) )
   printf("%d can be divided by 3,7\n",x);
 else if ( ( x%5==0 ) && ( x%7==0 ) )
   printf("%d can be divided by 5,7\n",x);
 else if ( x%3==0 )
   printf("%d can be divided by 3\n",x);
 else if ( x%5==0 )
   printf("%d can be divided by 5\n",x);
 else if ( x%7==0 )
   printf("%d can be divided by 7\n",x);
 else
   printf("%d cannot be divided 3,5,7\n",x);
 return 0;
}
```

【题 4.105】
```
#include <stdio.h>
int main()
  { float x;
   int y;
   printf("\n input x:");
   scanf("%f",&x);
   switch(x<0)
     { case 1: y=-1; break;
       case 0: switch(x==0)
                  { case 1: y=0; break;
                    default: y=1;
                  }
     }
```

```
        printf("\n y=%d",y);
        return 0;
    }
```

【题 4.106】
```
#include <stdio.h>
#include <stdlib.h>
int main ( )
{ float data1 , data2 , data3;
  char op;
  printf ( "\nType in your expression : " );
  scanf ( "%f %c %f" , &data1 , &op , &data2 );
  switch (op)
  { case '+' : data3=data1+data2;
          break;
    case '-' : data3=data1-data2;
          break;
    case '*' : data3=data1 * data2;
          break;
    case '/' : if (data2==0)
          { printf ("\nDivision by zero ! " );
          exit ( 1 ); }
          data3=data1/data2;
          break;
  }
  printf( "This is %6.2f %c %6.2f=%6.2f\n",data1,op,data2,data3);
  return 0;
}
```

【题 4.107】
```
#include <stdio.h>
#include <math.h>
int main()
{
    int score,temp;
    char grade;
    printf("Input your score: ");
    scanf("%d",&score);
    if ((score>100) ||(score<0))
        printf("\n data error, try again! \n");
    else if (score==100) temp=9;
    else temp=(score-score%10)/10;
    switch (temp)
    { case 0:case 1: case 2:
      case 3: case 4: case 5:grade='E';break;
      case 6: grade='D';break;
      case 7: grade='C';break;
```

```
        case 8: grade='B';break;
        case 9: grade='A';break;
      }
      printf("Your score is %d, grade is %c\n",score,grade);
      return 0;
    }
```

【题 4.108】
```
#include <stdio.h>
int main()
{ int a,b;
  char symbol;
  printf("Please enter:");
  scanf("%d%c%di\n",&a,&symbol,&b);
  printf("Original value:%d%c%di\n",a,symbol,b);
  if(symbol=='-')
    symbol='+';
  else
    symbol='-';
  printf("New value:%d%c%di\n",a,symbol,b);
  return 0;
}
```

第5章 循环结构

5.1 选择题

【题 5.1】C   【题 5.2】B   【题 5.3】A

【题 5.4】A   【题 5.5】D   【题 5.6】C

【题 5.7】B   【题 5.8】B

【题 5.9】【1】C   【2】A

【题 5.10】【1】D   【2】C

【题 5.11】B   【题 5.12】C   【题 5.13】A

【题 5.14】C   【题 5.15】C   【题 5.16】C

【题 5.17】C   【题 5.18】B

【题 5.19】【1】B   【2】C

【题 5.20】【1】B   【2】C

【题 5.21】【1】B   【2】D

【题 5.22】B   【题 5.23】B   【题 5.24】D

【题 5.25】B   【题 5.26】D   【题 5.27】B

【题 5.28】B   【题 5.29】C   【题 5.30】A

【题 5.31】C   【题 5.32】D   【题 5.33】C

【题 5.34】C   【题 5.35】D   【题 5.36】B

【题 5.37】【1】B   【2】C

【题 5.38】B   【题 5.39】D   【题 5.40】C

【题 5.41】【1】C   【2】D

【题 5.42】【1】C   【2】A

【题 5.43】D   【题 5.44】B   【题 5.45】D

【题 5.46】B   【题 5.47】C   【题 5.48】B

【题 5.49】B   【题 5.50】B   【题 5.51】B

【题 5.52】B   【题 5.53】A   【题 5.54】A

5.2 填空题

【题 5.55】【1】c!='\n'   【2】c>='0' && c<='9'

【题 5.56】【1】double   【2】pi+1.0/(i*i)

【题 5.57】【1】x1   【2】x1/2-2

【题 5.58】【1】r=m;m=n;n=r;   【2】m%n

【题 5.59】RIGHT

【题 5.60】s=254

【题 5.61】5,5

【题 5.62】36

【题 5.63】2

【题 5.64】 * *

【题 5.65】a=-5

【题 5.66】【1】i%3==2&&i%5==3&&i%7==2   【2】j%5==0

【题 5.67】【1】n%10   【2】max=t

【题 5.68】sum%4==0

【题 5.69】【1】s%10   【2】s/10

【题 5.70】k=14 n=-1

【题 5.71】x=1,y=20

【题 5.72】1,3,7,15,
31,63,

【题 5.73】【1】s=s+t   【2】i<=n

【题 5.74】i<=x

【题 5.75】2*x+4*y==90

【题 5.76】-1

【题 5.77】【1】t=t*i   【2】t=-t/i

【题 5.78】【1】(b-a)/n   【2】sin(a+i*h)*cos(a+i*h)

【题 5.79】【1】e=1.0   【2】new>=1e-6

【题 5.80】sum=19

【题 5.81】 ＊

　　　　　 ＃

【题 5.82】【1】(int)(sqrt((double)1000))【2】q+s==10&&b＊g==12

【题 5.83】【1】k+=2　　　　　　　　　　【2】j!=i && j!=k

【题 5.84】【1】m=n　　　　　　　　　　【2】m

　　　　　【3】m/=10

【题 5.85】【1】m=0,i=1　　　　　　　　【2】m+=i

【题 5.86】【1】100-i＊5-j＊2　　　　　　【2】k>=0

【题 5.87】【1】j=1　　　　　　　　　　【2】k>=0 && k<=6

【题 5.88】m=1

【题 5.89】1,-2

【题 5.90】 ＊ ＊ ＊ ＊ ＊ ＊

　　　　　 ＊　　　　　 ＊

　　　　　 ＊　　　　　 ＊

　　　　　 ＊ ＊ ＊ ＊ ＊ ＊

【题 5.91】 ＃＃＃＃

　　　　　 ＃＃＃＊

　　　　　 ＃＃＊＊

　　　　　 ＃＊＊＊

【题 5.92】 ＊616

【题 5.93】【1】a/10%10　　　　　【2】a==m+n+t　　　　【3】break

【题 5.94】【1】k　　　　　　　　【2】k/10　　　　　　【3】continue

【题 5.95】【1】break　　　　　　【2】i<=10

【题 5.96】【1】i<=9　　　　　　 【2】j%3!=0

【题 5.97】2 5 8 11 14

【题 5.98】i=6,k=4

【题 5.99】a=16 y=60

【题 5.100】3 1 -1

5.3　编程题

【题 5.101】#include <stdio.h>

```
int main()
{ int day=0, buy=2;
  float sum=0.0, ave;
  do
  { sum+=0.8＊buy;
```

```
            day++; buy * =2;
        } while(buy<=100);
        ave=sum/day;
        printf("%f",ave);
        return 0;
    }
```

【题 5.102】
```
#include <stdio.h>
int main( )
{ int i;
  for(i=1; i<100; i++)
      if(i * i%10==i || i * i%100==i) printf("%3d",i);
      return 0;
}
```

或:

```
#include <stdio.h>
int main( )
{ int i;
  for (i=1; i<100; i++)
      if(i * i%10==i) printf("%3d",i);
      else if(i * i%100==i) printf("%3d",i);
  return 0;
}
```

【题 5.103】
```
#include <stdio.h>
int main( )
{ int i,x,y;   long last=1;
  printf("Input x and y:");
  scanf("%d%d",&x,&y);
  for(i=1; i<=y; i++)   last=last * x%1000;
  printf("The last 3 digits:%ld\n",last);
  return 0;
}
```

【题 5.104】
```
#include <stdio.h>
int main( )
{ int i,j;   float g,sum,ave;
  for(i=1; i<=6; i++)
     {  sum=0;
        for(j=1; j<=5; j++)
        { scanf("%f",&g);
          sum+=g;
        }
```

```
        ave=sum/5;
        printf("No.%d ave=%5.2f\n",i,ave);
    }
    return 0;
}
```

第6章　数　　组

6.1　选择题

【题 6.1】D　　　　　【题 6.2】D　　　　　【题 6.3】D

【题 6.4】A　　　　　【题 6.5】D　　　　　【题 6.6】C

【题 6.7】C　　　　　【题 6.8】D　　　　　【题 6.9】B

【题 6.10】C　　　　【题 6.11】D　　　　【题 6.12】A

【题 6.13】C　　　　【题 6.14】A　　　　【题 6.15】C

【题 6.16】D　　　　【题 6.17】D　　　　【题 6.18】D

【题 6.19】B　　　　【题 6.20】B　　　　【题 6.21】B

【题 6.22】B　　　　【题 6.23】A　　　　【题 6.24】B

【题 6.25】D　　　　【题 6.26】C　　　　【题 6.27】C

【题 6.28】D　　　　【题 6.29】B　　　　【题 6.30】D

【题 6.31】B　　　　【题 6.32】D　　　　【题 6.33】D

【题 6.34】D　　　　【题 6.35】B　　　　【题 6.36】D

【题 6.37】D　　　　【题 6.38】A　　　　【题 6.39】D

【题 6.40】C

【题 6.41】【1】B　　　【2】B

【题 6.42】【1】A　　　【2】D　　　　　【3】A

【题 6.43】A　　　　【题 6.44】B　　　　【题 6.45】A

【题 6.46】A　　　　【题 6.47】B　　　　【题 6.48】A

【题 6.49】D　　　　【题 6.50】B　　　　【题 6.51】B

6.2　填空题

【题 6.52】【1】15　　　【2】60

【题 6.53】按行主顺序存放

【题 6.54】【1】0　　　　【2】4

【题 6.55】double a[M][M]={0};

【题 6.56】【1】0　　　　【2】6

【题 6.57】10 4 6 8 2 4 6 12 2

【题 6.58】【1】a[m]=n;m++;   【2】(i+1)%5==0   【3】printf ("\n");

【题 6.59】【1】2   【2】b[j][i]=a[i][j]   【3】3

【题 6.60】3   5   8

【题 6.61】【1】j=2   【2】j>=0

【题 6.62】The result is：

　　　　　1

　　　　　6   7

　　　　　11 12 13

　　　　　16 17 18 19

　　　　　21 22 23 24 25

【题 6.63】3 12 20 13 7

【题 6.64】【1】m=100; m<1000   【2】m/10-x * 10   【3】a[i]=m

【题 6.65】【1】x[i-1]+x[i-2]

　　　　　【2】abs(x[i-1]-x[i])

　　　　　【3】i+2

【题 6.66】The result is：

　　　　　1：8

　　　　　2：5

　　　　　3：6

　　　　　4：3

【题 6.67】4 6 1 0 8

【题 6.68】【1】i=1   【2】b[i]=a[i]+a[i-1];   【3】i%3

【题 6.69】【1】%   【2】/   【3】j=i; j>=1; j--

【题 6.70】【1】k=i   【2】j=i

　　　　　【3】a[k]=max;a[j]=min;

【题 6.71】 1   1   2   3

　　　　　5   8   13   21

　　　　　34   55

【题 6.72】1 2 3 4 5

【题 6.73】【1】j=4   【2】a[0]=k

【题 6.74】【1】m=n/2+1   【2】n-i-1   【3】n-i-1

【题 6.75】10010

【题 6.76】【1】if(j<2) b[i][j+1]=a[i][j]   【2】i=0;i<2   【3】printf("\n")

【题 6.77】【1】a[age-16]++;   【2】i=16;i<32;

【题 6.78】【1】i=j+1   【2】found=1

【题 6.79】【1】i<10   【2】i<10   【3】i%3==0

【题 6.80】1 3 4 5

【题 6.81】7

【题 6.82】【1】continue   【2】a[i]

【题 6.83】【1】a[i][j]+b[i][j]   【2】printf("\n")

【题 6.84】【1】k=s=0   【2】a[i][k] * b[k][j]   【3】printf("\n");

【题 6.85】【1】b[i]+=a[i][j];   【2】b[k]

【题 6.86】【1】num[i]<0   【2】num[i]+sum

【题 6.87】【1】计算数组 num 中大于零且个位数为 3 的数据之和   【2】116

【题 6.88】min=−2，row=2，col=1

【题 6.89】Search Successful! The index is：5

【题 6.90】The index is：6

【题 6.91】【1】break   【2】i==8

【题 6.92】【1】a[8]=x   【2】i<8

【题 6.93】【1】i−1   【2】a[j+1]=a[j]   【3】a[j+1]

【题 6.94】【1】a[i]>b[j]   【2】i<3   【3】j<5

【题 6.95】85

【题 6.96】1 6 120

【题 6.97】1 3 4 6 8

【题 6.98】1 2 1 2 3 4 5 6 7 8

【题 6.99】8 45 4

【题 6.100】9 7 5 5 3 1

【题 6.101】The result is：

       6.00 16.00 26.00 36.00 46.00 56.00

【题 6.102】【1】i=0;i<n;i++   【2】j=i;j<n;j++   【3】s *= x[i][j];

【题 6.103】75

【题 6.104】9

【题 6.105】bcxy

【题 6.106】【1】i<=7   【2】j=i+8

【题 6.107】POGAM

【题 6.108】【1】strlen(t)   【2】t[k]==c

【题 6.109】【1】str[0]：str[1]   【2】s

【题 6.110】【1】a[0]=c−1   【2】a[2]=c+1

【题 6.111】【1】t=a[5]   【2】a[i]=a[i−1]

【题 6.112】【1】j++   【2】a[i]>a[j]

【题 6.113】【1】a[i]>='0'&&a[i]<='9'   【2】k++

【题 6.114】【1】a[i]=s[i][0]   【2】a[i]=s[i][j]

【题 6.115】【1】 a[i]!='\0'&&b[i]!='\0'　　　　【2】(double)t/n

【题 6.116】Sun:3

　　　　　　Moon:4

【题 6.117】4

【题 6.118】7078

　　　　　　9198

【题 6.119】aabcd

【题 6.120】AzyD

【题 6.121】#&*&%

【题 6.122】AQM

【题 6.123】PAGE

【题 6.124】w 1 1

6.3　编程题

【题 6.125】
```c
#include <stdio.h>
#define M    50
int main()
{ int a[M], c[5], i, n=0, x;
  printf("Enter 0 or 1 or 2 or 3 or 4,to end with -1\n");
  scanf("%d",&x);
  while( x!=-1)
  { if( x>=0 && x<=4)
    { a[n]=x; n++; }
    scanf("%d",&x);
  }
  for( i=0;i<5;i++) c[i]=0;
  for( i=0;i<n;i++) c[a[i]]++;
  printf("The result is :\n");
  for( i=0;i<=4;i++) printf("%d:%d\n",i,c[i]);
  return 0;
}
```

【题 6.126】
```c
#include <stdio.h>
int main()
{   int i,j,a[4][5]={0},t;
    for (i=0;i<4;i++)
        for (j=0;j<5;j++)
            scanf("%d",&a[i][j]);
    printf("Original array: \n");
    for(i=0;i<4;i++)
    {   for (j=0;j<5;j++)
```

```
                    printf("%5d",a[i][j]);
                 printf("\n");
              }
           for(i=0;i<4;i++)
           {  t=a[i][1];     a[i][1]=a[i][3];    a[i][3]=t; }
           printf("Converted array: \n");
           for(i=0;i<4;i++)
           {  for (j=0;j<5;j++)
                    printf("%5d",a[i][j]);
              printf("\n");
           }
           return 0;
        }
```

【题 6.127】
```
#include <stdio.h>
int main()
{  double a[13],sum=0,ave,max,min;int i;
   for (i=0;i<13;i++)
        scanf("%lf",&a[i]);
   max=a[0];min=a[0];
   for(i=1;i<13;i++)
   {  if(max<a[i])  max=a[i];
      if(min>a[i])  min=a[i];
   }
   for(i=0;i<13;i++) sum=sum+a[i];
   ave=(sum-min-max)/11;
   printf("%lf\n",ave);
   return 0;
}
```

【题 6.128】
```
#include <stdio.h>
int main()
{ int i,j,a[2][3]={{2,4,6},{8,10,12}};
  printf("The original array is:\n");
  for( i=0; i<2; i++)
  { for ( j=0; j<3; j++)   printf("%4d",a[i][j]);
    printf("\n");
  }
  printf("\nthe result is :\n");
  for(i=0; i<3; i++)
  { for(j=0; j<2; j++)   printf("%4d",a[j][i]);
    printf("\n");
  }
  return 0;
}
```

【题 6.129】
```
#include <stdio.h>
int main( )
{ int a[5][5], i, j, n=1;
  for(i=0; i<5; i++)
      for (j=0; j<5; j++)
          a[i][j]=n++;
  printf("The result is :\n");
  for(i=0; i<5; i++)
  { for( j=0; j<=i; j++)
        printf("%4d",a[i][j]);
    printf("\n");
  }
  return 0;
}
```

【题 6.130】
```
#include <stdio.h>
int main( )
{ int a[10][10],i,j,k=0,m,n;
  printf("Enter n (n<10) : \n");
  scanf("%d",&n);
  if(n%2==0) m=n/2;
  else m=n/2+1;
  for(i=0;i<m;i++)
  { for(j=i;j<n-i;j++)
        { k++; a[i][j]=k; }
    for(j=i+1;j<n-i;j++)
        { k++; a[j][n-i-1]=k; }
    for(j=n-i-2;j>=i;j--)
        { k++; a[n-i-1][j]=k; }
    for(j=n-i-2; j>=i+1;j--)
        { k++; a[j][i]=k; }
  }
  for(i=0; i<n;i++)
      { for(j=0;j<n;j++)  printf("%5d",a[i][j]);
        printf("\n");
      }
  return 0;
}
```

【题 6.131】
```
#include <stdio.h>
int main( )
{ int a[10],b[10],i;
  for(i=0;i<10;i++)  scanf("%d",&a[i]);
  for(i=1;i<10;i++)  b[i]=a[i]/a[i-1];
  for(i=1;i<10;i++)
```

```
          { printf("%3d",b[i]);
            if(i%3==0) printf("\n");
          }
      return 0;
      }
```

【题 6.132】
```
#include <stdio.h>
int main( )
{ char a[12]="adfgikmnprs",c;    int i,top,bot,mid;
  printf("Input a character\n");
  scanf("%c",&c);
  printf("c=\'%c\'\n",c);
  for(top=0,bot=10; top<=bot; )
  { mid=(top+bot)/2;
    if(c==a[mid])
    { printf("The position is %d\n",mid+1);
      break;
    }
    else if(c>a[mid]) top=mid+1;
    else bot=mid-1;
  }
  if(top>bot) printf(" * * \n");
  return 0;
  }
```

【题 6.133】
```
#include <stdio.h>
#include <string.h>
int main( )
{ char a[80],b[80];   int i=0,j;
  printf("Input two strings:\n");
  gets(a); gets(b);
  while(a[i++]!='\0');
  for(j=0,i--; j<5 && b[j]!='\0'; j++)
      a[i++]=b[j];
  a[i]='\0';
  puts(a);
  return 0;
  }
```

【题 6.134】
```
#include <stdio.h>
#include <string.h>
int main( )
{ char a[80],b[ ]="ab",max;   int i=1,j=0;
  printf("Input a string\n");
  gets(a);
```

```
    puts(a);
    max=a[0];
    while(a[i]!='\0')
    { if(a[i]>max)
          { max=a[i]; j=i; }
          i++;
    }
    for( i=strlen(a)+2; i>j; i--)
          a[i]=a[i-2];
    a[i+1]='a'; a[i+2]='b';
    puts(a);
    return 0;
}
```

第7章 函　　数

7.1　选择题

【题 7.1】A　　　　　　【题 7.2】B　　　　　　【题 7.3】C

【题 7.4】B　　　　　　【题 7.5】A

【题 7.6】【1】B　　　　【2】C

【题 7.7】【1】C　　　　【2】A　　　　　　　【题 7.8】C

【题 7.9】A　　　　　　【题 7.10】【1】A　　　【2】B

【题 7.11】D　　　　　　【题 7.12】C　　　　　【题 7.13】D

【题 7.14】D　　　　　　【题 7.15】D

7.2　填空题

【题 7.16】【1】double max(double,double);　　【2】−2.000000

【题 7.17】【1】tolower(c) 或 c=c+32　　　　　【2】c=c−23

【题 7.18】−125=−5*5*5

【题 7.19】【1】void add(float a,float b)　　　　【2】float add(float a,float b)

【题 7.20】【1】n%10　　　　　　　　　　　　【2】n/10

【题 7.21】【1】b+2　　　　　　　　　　　　　【2】a−b

【题 7.22】ABD

【题 7.23】【1】break　　　　　　　　　　　　【2】getchar( )

【题 7.24】【1】(int)((value*10+5)/10)　　　　　【2】ponse==val

【题 7.25】打印出所有水仙花数。

【题 7.26】【1】f(r)*f(n)<0　　　　　　　　　【2】n−m<0.001

【题 7.27】1010

【题 7.28】【1】f(x,x−y,x−z)+f(y,y−z,y−x)+f(z,z−x,z−y)

【2】(float)(sin(a)/(sin(b) * sin(c)))

【题 7.29】【1】j=1 　　　　　【2】y>=1 　　　　　【3】--y 或 y--

【题 7.30】【1】2 * i+1 　　　　【2】a(i) 　　　　　【3】a(i)

【题 7.31】【1】y>x && y>z 　　【2】j%x1==0 && j%x2==0 && j%x3==0

【题 7.32】【1】> 　　　　　　　【2】b!=0

【题 7.33】(1) x=2 y=3 z=0

　　　　　　(2) x=4 y=9 z=5

　　　　　　(3) x=2 y=3 z=0

【题 7.34】【1】n=1 　　　　　【2】2.0 * s

【题 7.35】【1】4

　　　　　　【2】计算两个数之差的绝对值,并将差值返回调用函数。

【题 7.36】打印 5 阶幻方:

17	24	1	8	15
23	5	7	14	16
4	6	13	20	22
10	12	19	21	3
11	18	25	2	9

【题 7.37】计算整数 num 的各位数字之积。

【题 7.38】FACT(5):120

　　　　　　FACT(1):1

　　　　　　FACT(-1):Error!

【题 7.39】【1】age(n-1)+2 　　【2】age(5)

【题 7.40】【1】计算斐波那契级数第 7 项的值。

　　　　　　【2】k=13

【题 7.41】15

【题 7.42】【1】(x0+a/x0)/2.0 　【2】a,x1

【题 7.43】5 10 9

【题 7.44】sum=6

【题 7.45】【1】

0	1	2	3
-1	0	1	2
-2	-1	0	1
-3	-2	-1	0

【2】

0	-1	-2	-3
1	0	-1	-2
2	1	0	-1
3	2	1	0

【题 7.46】【1】a[i]==m 　　　　【2】a,m 　　　　　【3】no>=0

【题 7.47】【1】s[i]=k 　　　　　【2】sum=0

【题 7.48】【1】-7 3 5 7 10　　【2】冒泡法排序

【题 7.49】【1】-1 3 6 8 9　　【2】选择法排序

【题 7.50】【1】p=p+1　　【2】a[i]=a[i+1]

【题 7.51】
```
1    13   5    7
2    4    26   8
10   1    3    12
```
The value is 31

【题 7.52】【1】a[0]=1 a[1]=2

【2】单向值传递,不能返回交换后的值。

【题 7.53】【1】a[0]=2 a[1]=1

【2】因实参是地址,已对指定地址中的内容进行了交换。

【题 7.54】【1】i<10　　【2】array[i]　　【3】average(score)

【题 7.55】【1】i=1　　【2】j<=i-1　　【3】a[i-1][j-1]

【题 7.56】【1】for(j=0;j<n-1;j++)

【2】printf("%4d",aa[i][j]);

【题 7.57】first :14,4,12

second:26,4,12

third :26,3,6

【题 7.58】(1) 4,6

(2) 1

(3) 5,6

【题 7.59】10,20,40,40

【题 7.60】i=5

i=2

i=2

i=0

i=2

【题 7.61】2 26 126

【题 7.62】8

【题 7.63】sum=8

(注:函数 fun 的功能是计算数值 5^5 其个位、十位、百位上数字之和。)

【题 7.64】96

(注:函数 fun 的功能是求整数 x 的 y 次方的低 2 位值。例如,整数 6 的 4 次方
的值为 1296,低 2 位值为 96。)

【题 7.65】【1】k+2　　【2】j==i&&i==k

【题 7.66】MAIN: x=5 y=1 n=1

FUNC: x=6 y=21 n=11

MAIN: x=5 y=1 n=11

FUNC: x=8 y=31 n=21

【题 7.67】输出 1～5 的阶乘

7.3　编程题

【题 7.68】
```
{ if(a==b&&b==c) printf("This is an equilateral triangle");
    else if(a==b||b==c||a==c) printf("This is an isosceles triangle");
    else
       printf("This is a general triangle");
}
```

【题 7.69】
```
int isprime(int a)
       { int i;
        for(i=2;i<sqrt((double)a);i++)
             if(a%i==0) return 0;
         return 1;
       }
```

【题 7.70】
```
int sum(int n)
       { int i,k=0;
        for(i=0;i<=n;i++) k+=i;
        return k;
       }
```

【题 7.71】
```
double mypow(double x,int y)
       { int i; double p;
        p=1.0;
        for(i=1;i<=y;++i) p=p*x;
        return p;
       }
```

【题 7.72】
```
double f(double x0)
      { double x1;
       x1=(cos(x0)-x0)/(sin(x0)+1);
       x1=x1+x0;
       return x1;
      }
```

【题 7.73】
```
for(i=1;i<=x;i++)
       { for(j=1;j<=y;j++)
          { k=8-i-j;
            if(k>=0&&k<=z)
               { sum=sum+1;
                printf("%4d %4d %4d\n",i,j,k);
               }
          }
       }
   return sum;
```

【题 7.74】 float root(float x1,float x2)

```
{ int i; float x,y,y1;
  y1=f(x1);
  do
  { x=xpoint(x1,x2);
    y=f(x);
    if(y*y1>0) { y1=y; x1=x; }
    else x2=x;
  } while(fabs(y)>=0.0001);
  return x;
}
```

【题 7.75】 float p(int n,float x)

```
{ float t,t1,t2;
  if(n==0) return 1;
  else if(n==1) return x;
  else
  { t1=(2*n-1)*x*p((n-1),x);
    t2=(n-1)*p((n-2),x);
    t=(t1-t2)/n;
    return t;
  }
}
```

【题 7.76】 float f2(int n)

```
{ if(n==1) return 1;
  else return f2(n-1)*n;
}
float f1(int x,int n)
{ int i; float j=1;
  for(i=1;i<=n;i++) j=j*x;
  return j;
}
```

【题 7.77】 int max_value(int arr[][4])

```
{ int i,j,max;
  max=arr[0][0];
  for(i=0;i<2;i++)
      for(j=0;j<4;j++)
          if(arr[i][j]>max) max=arr[i][j];
  return max;
}
```

【题 7.78】 void f(int a[],int c[],int n)

```
{ int i;
  for(i=0;i<n;i++) c[a[i]]++;
}
```

第8章 编译预处理

8.1 选择题

【题8.1】C   【题8.2】C   【题8.3】C

【题8.4】B   【题8.5】D   【题8.6】B

【题8.7】D   【题8.8】B   【题8.9】D

【题8.10】D   【题8.11】D   【题8.12】B

【题8.13】B   【题8.14】C   【题8.15】D

【题8.16】A   【题8.17】C   【题8.18】B

【题8.19】【1】D   【2】D

【题8.20】B   【题8.21】B   【题8.22】D

【题8.23】B   【题8.24】C   【题8.25】B

【题8.26】B   【题8.27】C

8.2 填空题

【题8.28】880

【题8.29】2400

【题8.30】5

【题8.31】12

【题8.32】2   12

【题8.33】x=9，y=5

【题8.34】3,3,5

【题8.35】2

【题8.36】9

【题8.37】【1】3   【2】28

【题8.38】z,x,y 或 z,y,x

【题8.39】9911

【题8.40】n1=100,n2=4

【题8.41】28

【题8.42】9.0

【题8.43】1,10

【题8.44】1   2   3   ok!

【题8.45】8

    20

    12

【题8.46】****

【题 8.47】【1】#include "stdio.h"

　　　　　　【2】#include "myfile.txt"

　　　　　　注:【1】、【2】顺序可颠倒。

【题 8.48】#include <math.h>

【题 8.49】c=0

【题 8.50】a=16,b=17,c=0

【题 8.51】c=2

8.3　编程题

【题 8.52】/* 求两个整数相除的余数 */

```
#include<stdio.h>
#define MOD(a,b) (a%b)
int main( )
{ int a,b;
  printf("input two integer a,b:");
  scanf("%d,%d",&a,&b);
  printf("a mod b is : %d\n",MOD(a,b));
  return 0;
}
```

【题 8.53】/* 两个一维数组元素的交换 */

```
#include<stdio.h>
#define swap(x,y) { int t; t=x; x=y; y=t; }
int main( )
{ int i,a[10],b[10];
  for( i=0; i<10; i++)
      scanf("%d",&a[i]);
  for( i=0; i<10; i++)
      scanf("%d",&b[i]);
  for( i=0; i<10; i++)
      swap(a[i],b[i]);
  for( i=0; i<10; i++)
      printf("%d",a[i]);
  printf("\n");
  for( i=0; i<10; i++)
      printf("%d",b[i]);
  return 0;
}
```

【题 8.54】/* 判断是否是字母 */

```
#include <stdio.h>
#define ISALPHA(ch) ((ch>='A' && ch<='Z')||(ch>='a' && ch<='z'))? 1 : 0
int main( )
```

```
{ char c;
  printf("Enter a letter:");
  scanf("%c",&c);
  if(ISALPHA(c)) printf("%c is an alpha.\n",c);
  else printf("%c is not an alpha.\n",c);
  return 0;
}
```

【题 8.55】/＊ 判断整数 n 是否能被 x 整除 ＊/
```
#include <stdio.h>
#define DIV(n,x) ((n%x)==0 ? 1 :0)
int main()
{ int y;
  scanf("%d",&y);
  if(DIV(y,3) && DIV(y,7)) printf("yes!\n");
  else printf("No!\n");
  return 0;
}
```

【题 8.56】/＊ 计算三角形面积 ＊/
```
#include <stdio.h>
#include <math.h>
#define S(a,b,c) ((a+b+c)/2)
#define AREA(a,b,c) sqrt(S(a,b,c) * (S(a,b,c)-a) * (S(a,b,c)-b) * (S(a,b,
c)-c))
int main()
{ int a=3,b=4,c=5;
  printf("%f\n",AREA(a,b,c));
  return 0;
}
```

第 9 章　指　　针

9.1　选择题

【题 9.1】B
【题 9.2】【1】C　　　　　【2】C
【题 9.3】B　　　　　【题 9.4】B　　　　　【题 9.5】B
【题 9.6】D　　　　　【题 9.7】C　　　　　【题 9.8】C
【题 9.9】C　　　　　【题 9.10】C　　　　　【题 9.11】C
【题 9.12】B　　　　　【题 9.13】C　　　　　【题 9.14】C
【题 9.15】C　　　　　【题 9.16】C　　　　　【题 9.17】C
【题 9.18】D　　　　　【题 9.19】D
【题 9.20】【1】C　　　　　【2】A

【题 9.21】【1】A 　　　【2】C 　　　【3】B

【题 9.22】【1】C 　　　【2】C

【题 9.23】【1】B 　　　【2】B 　　　【3】C

【题 9.24】【1】C 　　　【2】A 　　　【3】C

【题 9.25】【1】A 　　　【2】C

【题 9.26】【1】C 　　　【2】B

【题 9.27】【1】B 　　　【2】D

【题 9.28】【1】A 　　　【2】C

【题 9.29】【1】D 　　　【2】A

【题 9.30】【1】A 　　　【2】D 　　　【3】D

【题 9.31】【1】D 　　　【2】A

【题 9.32】B 　　　【题 9.33】A 　　　【题 9.34】C

【题 9.35】B 　　　【题 9.36】B 　　　【题 9.37】C

【题 9.38】D 　　　【题 9.39】C 　　　【题 9.40】D

【题 9.41】C 　　　【题 9.42】C 　　　【题 9.43】D

【题 9.44】A 　　　【题 9.45】D 　　　【题 9.46】C

【题 9.47】C 　　　【题 9.48】C 　　　【题 9.49】A

【题 9.50】B 　　　【题 9.51】【1】A 　【2】D 　　　【题 9.52】A

【题 9.53】B 　　　【题 9.54】A 　　　【题 9.55】D

【题 9.56】A 　　　【题 9.57】B 　　　【题 9.58】C

【题 9.59】D 　　　【题 9.60】B 　　　【题 9.61】A

【题 9.62】D 　　　【题 9.63】B 　　　【题 9.64】A

【题 9.65】A 　　　【题 9.66】C 　　　【题 9.67】B

【题 9.68】【1】A 　　　【2】C

【题 9.69】C 　　　【题 9.70】B 　　　【题 9.71】D

【题 9.72】C 　　　【题 9.73】C 　　　【题 9.74】A

【题 9.75】B 　　　【题 9.76】C 　　　【题 9.77】D

9.2 填空题

【题 9.78】【1】＊pk=i 　　　【2】a,n,i+1,&(＊pk)

【题 9.79】＊ptr1=7,＊ptr2=5
　　　　a=7，b=5

【题 9.80】1　　2　　3

【题 9.81】【1】num=＊b 　　　【2】num=＊c

【题 9.82】【1】char a,＊p; 　　　【2】scanf("%c",&a); 　　　【3】p=&a;

【题 9.83】sum=11
　　　　sum=13
　　　　sum=15

【题 9.84】0 1 3 6

【题 9.85】(1) 1 6 6

(2) 2 6 6

【题 9.86】4 1 2 3

3 4 1 2

2 3 4 1

1 2 3 4

【题 9.87】hELLO!

【题 9.88】bcdABCD

【题 9.89】1

【题 9.90】12345

【题 9.91】bdefg'

【题 9.92】1*　0*

【题 9.93】#9

【题 9.94】 * 2 * 4 * 6 * 8 *

【题 9.95】【1】break　　　【2】 * q=*p　　　【3】 * q='\0'

【题 9.96】【1】 * p&& * q　　　【2】 * p< * q

【题 9.97】【1】||　　　【2】s[j]='\0'　　　【3】item

【题 9.98】【1】(s[i]=t[i])!='\0'　　　【2】i++

【3】a,b

【题 9.99】【1】s[i]==t[i]

【2】(s[i]=='\0' && t[i]=='\0')? 1:0

【题 9.100】【1】l++; p++;　　　【2】l>max

【3】max=l

【题 9.101】【1】p1++　　　【2】 * p2

【题 9.102】【1】s++　　　【2】k==r

【题 9.103】【1】strlen(s)　　　【2】j<10　　　【3】p++

【题 9.104】【1】s+n-1　　　【2】p1<p2　　　【3】p2--

【题 9.105】7

【题 9.106】computerlanguage

【题 9.107】This Is A Test.

【题 9.108】3

【题 9.109】XYZA

【题 9.110】【1】 * p!='-'　　　【2】 * p=='a' || * p=='b'

【题 9.111】at

【题 9.112】abcdefglkjih

【题 9.113】abcdefg

ADGH

【题 9.114】976531

【题 9.115】a＝6

【题 9.116】n＝4

【题 9.117】SDGJ

【题 9.118】10

【题 9.119】【1】计算斐波那契级数第 7 项的值　　　　　【2】x＝13

【题 9.120】ENGLISH

MATH

【题 9.121】20

【题 9.122】【1】6　　　　　　　【2】3

【题 9.123】－1

【题 9.124】12

【题 9.125】3

【题 9.126】1 3 5

【题 9.127】【1】a[0]

【2】a[3]

【题 9.128】＊m

【题 9.129】for（k＝0；k<10；k++）

【题 9.130】m

【题 9.131】＊(q ＋k) 或 q[k]

【题 9.132】24

【题 9.133】max＝90,min＝12

【题 9.134】10

【题 9.135】66 33 77 55 99 66

【题 9.136】【1】＊(p+i)　　　【2】p[i]　　　　　【3】＊(x+i)

【题 9.137】【1】(＊(m+i))[j]　　　　　　　【2】＊(m[i]+j)

【3】＊(&m[0][0]+6＊i ＋j)

【题 9.138】【1】p[i][j]　　　【2】(＊(p+i))[j]　　　【3】＊(＊(p+i)+j)

【题 9.139】【1】pt[i][j]　　　【2】＊(＊(pt ＋i)＋j)　【3】(＊(pt +i))[j]

【题 9.140】22 44 55 33

【题 9.141】【1】＊(＊(q+j)+i)＝＊(＊(p+i)+j)

【2】＊(＊(p+i)+j)

【3】＊(＊(q+i)+j)

【题 9.142】9

【题 9.143】【1】&x[0][0]　　　【2】(＊(p+4))＊(＊(p+8))

【题 9.144】sum＝25

【题 9.145】1

1　1

```
        1   2   1
        1   3   3   1
        1   4   6   4   1
        1   5   10   10   5   1
```

【题 9.146】 p=8,b[8]=10

【题 9.147】【1】 * (a+i)= * (a+j)   【2】 a+j

【题 9.148】【1】 x   【2】 i --   【3】 i >0

【题 9.149】【1】0   【2】p<a+n

　　　　　【3】k%5==0

【题 9.150】【1】 i   【2】 a+j   【3】 a+i-1

【题 9.151】 2 6 10 4 8 12

【题 9.152】 Row=   0   Max=   6

　　　　　 Row=   1   Max=   8

　　　　　 Row=   2   Max=   5

　　　　　 Row=   3   Max=   9

【题 9.153】【1】 pr1   【2】 k -1   【3】 pr2

【题 9.154】【1】 * (* (a+0)+j)   【2】 * (* (a+i)+j)   【3】 * (* (a+i)+j)

【题 9.155】【1】 b+k   【2】 x !=0   【3】 b+i

【题 9.156】【1】i++, j--   【2】 * (a+i)   【3】 i

【题 9.157】【1】 k<=N-1   【2】 a+i+1   【3】 a+i+1

【题 9.158】 20   15   12   12   9

　　　　　 8   6   5   4   2

【题 9.159】 abcdefABCD

【题 9.160】 3

【题 9.161】 The integers that have been inserted are:

　　　　　 5   12   7   3   6   2   9   20   15   6

【题 9.162】 basic

　　　　　 c++

　　　　　 fortran

　　　　　 java

　　　　　 pascal

【题 9.163】【1】 language +k   【2】 * q

【题 9.164】【1】 * (* (p+j)+k)<60   【2】 * (* (p+j)+k)

【题 9.165】第 3 行

【题 9.166】 2   4   6   8   10   12

【题 9.167】 beijing

　　　　　 shanghai

【题 9.168】【1】 argc >1   【2】 * argv

【题 9.169】【1】4　　　　　　　　　　　　【2】1

【题 9.170】The count is：3

【题 9.171】Pascal

　　　　　　C language

　　　　　　Dbase

　　　　　　Cobol

【题 9.172】Chemistry Pascal Maths Physics English

【题 9.173】　　0　　2　　4　　6　　8

【题 9.174】s＝21

【题 9.175】【1】findbig　　　　　　【2】＊f

【题 9.176】【1】&a[index]　　　　【2】i＊M＋n　　　　　【3】j<＝i

【题 9.177】Coble

　　　　　　dBase

　　　　　　C language

　　　　　　Pascal

【题 9.178】【1】process(a,n,arr_add);

　　　　　　【2】process(a,n,odd_add);

　　　　　　【3】process(a,n,arr_ave);

【题 9.179】【1】double (＊fun)(double)

　　　　　　【2】(＊fun)(a＋i＊h)

【题 9.180】int x,int y,int(＊fun)(int,int)

【题 9.181】【1】function[i]

　　　　　　【2】int x,int y,int(＊func)(int,int)

【题 9.182】【1】arr_add　　　　　　　　　【2】p,12

【题 9.183】【1】返回一个指向整型值的指针的函数。

　　　　　　【2】指向一个返回整型值的函数的指针。

【题 9.184】300 294 268 340

【题 9.185】【1】x,x−y,x−z　　　【2】z,z−x,z−y　　　【3】y,y−z,y−x

9.3　编程题

【题 9.186】
```
#include <stdio.h>
int main()
{ char x[]="computer";
 char *p;
 for(p=x; p<x+7; p+=2)
   putchar(*p);
 printf("\n");
 return 0;
}
```

```
#include <stdio.h>
#include <string.h>
void cipystr(char * p1,char * p2,int m);
int main( )
{ int m,l;
  char str1[80], str2[80];
  printf("Input a string:\n");
  gets(str2);
  printf("Input m:\n");
  scanf("%d",&m);
  l=strlen(str2);
  if(l<m)
      printf("Err input!\n");
  else { copystr(str1,str2,m);
        printf("Result is :%s\n",str1);
      }
  return 0;
}
void copystr(char * p1,char * p2,int m)
  { int n=0;
    while(n<m-1)
      { p2++,n++; }
    while( * p2!='\0')
      { * p1= * p2; p1++; p2++; }
    * p1='\0';
  }
```

```
#include <stdio.h>
#include <string.h>
void insert(char * p);
int main( )
{ char str[80];
  printf("Input a string:\n");
  gets(str);
  insert(str);
  printf("Result is:%s\n",str);
  return 0;
}

void insert(char * p)
{ int i;
  for(i=strlen(p); i>0; i--)
  { * (p+2 * i)= * (p+i);
    * (p+2 * i-1)=' ';
```

```
            }
          }
```

【题 9.189】
```
#include <stdio.h>
int main()
{ int b[10], pos, num, k, m, n, * q1, * q2, temp;
  printf("Input 10 sorted numbers: \n");
  for (k=0; k<10; k++)
          scanf("%d",&b[k]);
  printf("\nInput the position:\n");
  scanf("%d",&pos);
  printf("Input the number of data that be sorted again:\n");
  scanf("%d",&num);
  printf("The original array b:\n");
  for(k=0; k<10; k++)   printf("%4d",b[k]);
  printf("\n");
  m=pos-1;
  n=m+num-1;
  q1=b+m;
  q2=b+n;
  for(  ; q1<q2; q1++,q2--)
          { temp = * q1;   * q1 = * q2;   * q2 =temp; }
  printf("The new array b is:\n");
  for(k=0; k<10; k++)   printf("%4d",b[k]);
  return 0;
}
```

【题 9.190】
```
#include <stdio.h>
#include <ctype.h>
int main (int argc,char * argv[ ])
  { char * str;
    int num=0;
    if(argc==2)
    {  str=argv[1];
       while( * str)
         if(isalpha( * str++)) num++;
       printf ("\nThe count is :%d.\n",num);
    }
    return 0;
  }
```

【题 9.191】
```
#include <stdio.h>
int main( )
  { int i, j, a[6]={2,4,6,8,10,12}, * p[3];
    for ( i=0;i<3;i++) p[i]=&a[2 * i];
```

```
          for ( i=0;i<3;i++)
              { for (j=0;j<2;j++) printf("%4d",p[i][j]);
                printf("\n");
              }
          for ( i=0;i<2;i++)
              { for (j=0;j<3;j++) printf("%4d",p[j][i]);
                printf("\n");
              }
     return 0;
          }
```

【题 9.192】
```
int * ave(int ( * pointer)[4],int n)
     { int i, * pt,s=0,av;
       pt=&av;
       n=n-1;
       for(i=1;i<4;i++)   s=s+ * ( * (pointer+n)+i);
       av=s/3;
       return pt;
          }
```

【题 9.193】
```
int * findmax(int * s,int t,int * k)
     { int p;
       for(p=0, * k=p;p<t;p++)
         if(s[p]>s[ * k]) * k=p;
       return s+ * k;
          }
```

第 10 章　结构体与共用体

10.1　选择题

【题 10.1】D　　　　　　　【题 10.2】D　　　　　　　【题 10.3】C

【题 10.4】C　　　　　　　【题 10.5】B　　　　　　　【题 10.6】D

【题 10.7】A　　　　　　　【题 10.8】C　　　　　　　【题 10.9】A

【题 10.10】D　　　　　　【题 10.11】D　　　　　　【题 10.12】D

【题 10.13】D　　　　　　【题 10.14】C　　　　　　【题 10.15】D

【题 10.16】D　　　　　　【题 10.17】D　　　　　　【题 10.18】D

【题 10.19】C　　　　　　【题 10.20】D　　　　　　【题 10.21】D

【题 10.22】D　　　　　　【题 10.23】D　　　　　　【题 10.24】C

【题 10.25】D　　　　　　【题 10.26】A　　　　　　【题 10.27】B

【题 10.28】D

【题 10.29】【1】B　　　　　　【2】D　　　　　　【3】B

【题 10.30】D   【题 10.31】C   【题 10.32】C

【题 10.33】D   【题 10.34】C   【题 10.35】C

【题 10.36】B   【题 10.37】C   【题 10.38】B

【题 10.39】B   【题 10.40】【1】B   【2】B

【题 10.41】A   【题 10.42】C   【题 10.43】B

【题 10.44】B   【题 10.45】D

10.2 填空题

【题 10.46】struct ST

【题 10.47】10,x

【题 10.48】2,3

【题 10.49】sizeof(struct ps)

【题 10.50】102，WangLu，1918.0

【题 10.51】B,98.5

　　　　　C,92.5

【题 10.52】【1】0.0   【2】s[i].score[j]   【3】s[i].ave

【题 10.53】【1】s[i].name，nam   【2】return −1

【题 10.54】a,d

　　　　　abc,def

　　　　　ghi,mno

　　　　　hi,no

【题 10.55】【1】struct student

　　　　　【2】strcmp(str,stu[i].name)==0

　　　　　【3】break

【题 10.56】【1】max=person[i].age   【2】min=person[i].age

　　　　　【3】&&

【题 10.57】【1】a[j].con++   【2】a[i].con++

【题 10.58】【1】struct comp ＊z   【2】z   【3】&a,&b

【题 10.59】【1】&rec->s[i]   【2】rec->s[i]   【3】(＊(s+k)).s[i]

【题 10.60】5,7

【题 10.61】【1】<=person＋2>   【2】old=p->age   【3】q->name,q->age

【题 10.62】19 83.5 zhang

　　　　　19 83.5 zhang

　　　　　y hang

【题 10.63】【1】class[i].name,&class[i].grade

　　　　　【2】j=i+1;j<nst

　　　　　【3】&st[i],&st[pick]

【题 10.64】【1】a[i].name   【2】struct aa ＊b   【3】i 或 i!=0

【题 10.65】struct s * next;

【题 10.66】【1】p!=NULL 【2】c++ 【3】p->next

【题 10.67】【1】struct link * head 【2】p->data

【3】p->next

【题 10.68】【1】struct link **s 【2】p->next 【3】(**s).data

【题 10.69】【1】p->info 【2】p->link 【3】p!=NULL

【题 10.70】【1】p->link 【2】m<m3 或 m<=m3

【题 10.71】【1】p0->link=head 【2】p0->link=p1

【3】p0->link=NULL

【题 10.72】【1】num!=p1->info && p1->link!=NULL

【2】head=p1->link 【3】p2->link=p1->link

【题 10.73】【1】%lf 【2】num.x

【题 10.74】3,3

【题 10.75】【1】&per[i].body.eye

【2】&per[i].body.f.height

【3】&per[i].body.f.weight

【题 10.76】4 8

【题 10.77】Word value：1234

High value：12

low value：34

Word value：12ff

【题 10.78】2 5

dime dollar

【题 10.79】【1】error(x,y) 【2】status 【3】return Right

【题 10.80】a=5   b=6

2 * INT=6.00

【题 10.81】【1】q->next=p->next 【2】p=p->next

【题 10.82】【1】linklist **phd 【2】NULL 【3】&head

【题 10.83】【1】linklist * ra, * rb 【2】rb->next->next 【3】p

【题 10.84】【1】p=p->next 【2】p->next 【3】p->next!=p

【题 10.85】【1】linklist * 【2】s 【3】head

10.3 编程题

【题 10.86】#include <stdio.h>
int main()
{ struct study
  {
    int mid;

```
        int end;
        int average;
    } math;
    scanf("%d %d",&math.mid,&math.end);
    math.average=(math.mid+math.end)/2;
    printf("average=%d\n",math.average);
    return 0;
}
```

【题 10.87】
```
#include <stdio.h>
struct stu
{
  int num;
  int mid;
  int end;
  int ave;
} s[3];
int main()
{ int i;
  struct stu *p;
  for(p=s;p<s+3;p++)
  { scanf("%d %d %d",&(p->num),&(p->mid),&(p->end));
    p->ave=(p->mid+p->end)/2;
  }
  for(p=s;p<s+3;p++)
    printf("%d %d %d %d\n",p->num,p->mid,p->end,p->ave);
  return 0;
}
```

【题 10.88】
```
#include <stdio.h>
struct list
{ int data;
  struct list *next;
};
struct list *creatlist()
{
  struct list *p, *q, *ph;
  int a;
  ph=(struct list *) malloc (sizeof(struct list));
  p=q=ph;
  printf("Input an integer number, enter -1 to the end: \n");
  scanf("%d",&a);
  while( a!=-1 )
    {
      p=(struct list *) malloc (sizeof(struct list));
```

```
            p->data=a;
            q->next=p;
            q=p;
            scanf("%d",&a);
          }
      p->next='\0';
      return ph;
       }
    int main( )
    {
      struct list * head;
      head=creatlist( );
      return 0;
    }
```

【题 10.89】
```
#include <stdio.h>
#include <stdlib.h>
struct student
  { int info;
    struct student * pre;
    struct student * next;
  };
void print1( struct student * head)
  { struct student * p;
    printf("\n the linklist is :");
    p=head;
    if(head!=NULL)
    do
      { printf("%d ",p->info);
        p=p->next;
      }
    while(p!=NULL);
    printf("\n");
  }
```

【题 10.90】
```
typedef char datatype;
typedef struct node
{ datatype data;
  struct node * next;
} linklist;

int INSERT1(linklist * head,datatype a,datatype key)
{ linklist * s, * p, * q;
  s=(linklist * )malloc(sizeof(linklist));
  s->data=key;
  q=head; p=head->next;
```

```
    if (p==NULL)
      { s->next=p; q->next=s; return 0; }
    while ((p->data !=a) && (p->next !=NULL))
      { q=p; p=p->next; }
    if (p->data==a)
      { s->next =p; q->next=s; }
    else
      { s->next=NULL; p->next=s; }
    return 1;
  }
```

【题 10.91】
```
typedef int datatype;
typedef struct node
  { datatype data;
    struct node * next;
  } linklist;
  ⋮
void INVERT(linklist * head)
{ linklist * p, * q;
 p=head->next;
 if (p!=NULL)
   { head->next=NULL;
     do
       { q=p->next;
         p->next=head->next;
         head->next=p;
         p=q;
       }
    while (p!=NULL);
    }
}
```

【题 10.92】
```
#include <stdio.h>
void partition(unsigned int num)
  { union a
    { unsigned short part[2];
      unsigned int w;
   }n, * p;
   p=&n; n.w=num;
   printf("int=%lx\n",num);
   printf("low-part num=%0x,high-part num=%0x\n",
   p->part[0],p->part[1]);
  }
int main( )
{ unsigned int x;
  x=0x23456789;
```

```
        partition(x);
        return 0;
    }
```

【题 10.93】 enum money { jiao1=10, jiao5=50,
                      yuan1=100, yuan5=500, yuan10=1000, yuan20=2000,
                      yuan50=5000, yuan100=10000
                  };

第 11 章　位　运　算

11.1　选择题

【题 11.1】【1】 C　　　　　【2】 B　　　　　【题 11.2】 A

【题 11.3】 B　　　　　【题 11.4】 C　　　　　【题 11.5】 D

【题 11.6】 C　　　　　【题 11.7】 D　　　　　【题 11.8】 B

【题 11.9】 B　　　　　【题 11.10】 C　　　　　【题 11.11】 A

【题 11.12】 C　　　　　【题 11.13】 C　　　　　【题 11.14】 B

【题 11.15】 D　　　　　【题 11.16】 C　　　　　【题 11.17】 B

【题 11.18】 C　　　　　【题 11.19】 B　　　　　【题 11.20】 B

【题 11.21】 A　　　　　【题 11.22】 B　　　　　【题 11.23】 C

11.2　填空题

【题 11.24】【1】 取地址　　　　　【2】 按位与

【题 11.25】 x＝x^y−2 或 x＝x^(y−2)

【题 11.26】 ＄＄＄

【题 11.27】 10000010

【题 11.28】 a & 040 或 a & 0x20 或 a & 32

【题 11.29】 00001111

【题 11.30】 12,10,18

【题 11.31】 5,4

【题 11.32】 11,6

【题 11.33】 0

【题 11.34】 0377

【题 11.35】 11110000

【题 11.36】 mmm

【题 11.37】 −2

【题 11.38】 29,1

【题 11.39】 −2,62

【题 11.40】 0x6c

【题 11.41】4，1，4

【题 11.42】0130 或 88 或 0x58

【题 11.43】a AND b：85

a OR b：bd

a NOR b：38

【题 11.44】x=11，y=17，z=11

【题 11.45】x=104000

y1=7

y2=104007

【题 11.46】s=high & 0xff00 | low & 0x00ff

或 s=high & 0177400 | low & 0377

或 s=high & 65280 | low & 255

【题 11.47】59

【题 11.48】【1】(n>0)   【2】n=-n

【3】z=(value>>(16-n))|(value<<n)

【题 11.49】【1】~0   【2】i

【题 11.50】0120000 或 120000

【题 11.51】【1】~0   得到一个全 1 的数

【2】(~0<<n)   得到一个左端几个 1，右端全 0 的数

【3】~(~0<<n)   得到一个左端为 0，右端几个 1 的数

【4】~(~0<<n)<<(p+1-n)   将几个 1 移到以 p 为起点的位置

【5】x^(~(~0<<n)<<(p+1-n))   对 x 中的指定位数用异或求反

第 12 章   文   件

12.1   选择题

【题 12.1】C   【题 12.2】C   【题 12.3】B

【题 12.4】B   【题 12.5】A   【题 12.6】C

【题 12.7】C   【题 12.8】D   【题 12.9】D

【题 12.10】D   【题 12.11】C   【题 12.12】D

【题 12.13】D   【题 12.14】C   【题 12.15】C

【题 12.16】C   【题 12.17】A   【题 12.18】B

【题 12.19】A   【题 12.20】A

【题 12.21】【1】D   【2】B   【3】A

【题 12.22】D   【题 12.23】C   【题 12.24】B

12.2   填空题

【题 12.25】【1】顺序(或随机)   【2】随机(或顺序)

【题 12.26】【1】fopen　　　　　　　　【2】fclose

【题 12.27】【1】EOF(或-1)　　　　　　【2】字符

【题 12.28】【1】n-1　　　　　　　　　【2】buf 的首地址

【题 12.29】you

【题 12.30】【1】FILE * fp　　　　　　【2】#include <stdio.h>

【题 12.31】【1】!feof(fp)　　　　　　　【2】fgetc(fp)

【题 12.32】统计并输出文件 num.dat 中正整数、零和负整数的个数

【题 12.33】【1】1,F　　　　　　　　　【2】a=1,b=F

【题 12.34】【1】* fp　　　　　　　　　【2】NULL

【题 12.35】【1】(ch=getchar( ))　　　　【2】ch,fp

【题 12.36】【1】FILE * fp　　　　　　【2】sizeof(struct rec)

　　　　　　【3】r.num,r.total

【题 12.37】【1】&stud[i],sizeof(struct student_type),1,fp

　　　　　　【2】&stud[i].num

　　　　　　【3】&stud[i].age

【题 12.38】【1】"e12_38.dat","r"　　　　【2】fp

【题 12.39】【1】fp　　　　　　　　　　【2】fq

　　　　　　【3】fclose(fp);fclose(fq);

【题 12.40】【1】"letter.dat","wb"　　　　【2】6 * sizeof(char)

【题 12.41】6

【题 12.42】【1】fopen("d:\\file1\\e12_42.dat","w")

　　　　　　【2】myprime(i)==1

　　　　　　【3】fp

【题 12.43】获取并输出文件起始位置及添加内容后的文件位置

【题 12.44】【1】* fp1,* fp2　　　　　　【2】rewind(fp1);

　　　　　　【3】getc(fp1),fp2

【题 12.45】6,5,4,3,2,1,

【题 12.46】【1】* fp　　　　　　　　　【2】fp,i * sizeof(struct student_type),0

　　　　　　【3】&stud[i]

【题 12.47】【1】fopen("D:\\file1.txt","ab+")

　　　　　　【2】fopen("D:\\data\\file2.txt","w")

12.3　编程题

【题 12.48】
```
#include <stdio.h>
#include <stdlib.h>
int main()
{  FILE * fp;
    int i=0;
```

```
        char ch;
        if ((fp=fopen("txt.dat","r"))==NULL)
        {  printf("Cannot open file!\n");
           exit(0);
        }
        while(!feof(fp))
        {  ch=fgetc(fp);
           if(ch>='a'&&ch<='z'||ch>='A'&&ch<=Z')
             i++;
        }
        printf("Character number is:%d\n",i);
        fclose (fp);
        return 0;
    }
```

【题 12.49】
```
#include <stdio.h>
#include <stdlib.h>
int main()
{  FILE * in, * out;
   if((in=fopen("e:\\file1.txt","r"))==NULL)
   {  printf("Cannot open file1\n");
     exit(0); }
   if((out=fopen("e:\\file2.txt","w"))==NULL)
   {  printf("Cannot open file2\n");
     exit(0); }
   while(!feof(in))
     fputc(fgetc(in),out);
   fclose(in);
   fclose(out);
   return 0;
}
```

【题 12.50】
```
#include <stdio.h>
#include <stdlib.h>
FILE * fp;
int main()
{ int p=0,n=0,z=0,temp;
  fp=fopen("number.dat","r");
  if(fp==NULL)
    printf("File cannot be found!\n");
  else
      { while( !feof(fp) )
          { fscanf(fp,"%d",&temp);
            if( temp>0) p++;
            else if (temp<0) n++;
```

```
              else z++;
            }
        fclose(fp);
        printf("positive:%3d,negative:%3d,zero:%3d\n",p,n,z);
      }
  return 0;
}
```

【题 12.51】
```
#include <stdio.h>
#include <stdlib.h>
struct student
  { long int num;
    char name[10];
    int age;
    char sex;
    char speciality[20];
    char addr[40];
  };
FILE * fp;
int main( )
{ struct student std;
  fp=fopen("student.dat","rb");
  if(fp==NULL)
    printf("File cannot be found!\n");
  else
    { while( !feof(fp) )
        { fread(&std,sizeof(struct student),1,fp);
          if( std.num>=230101 && std.num<=230135)
              printf(" %ld %s %d %c\n",std.num,std.name,std.age,std.
              sex);
        }
      fclose(fp);
    }
  return 0;
}
```

【题 12.52】
```
#include <stdio.h>
#include <stdlib.h>
struct worker{ int month;int worka;int workb; };
int main( )
{ int i;
  struct worker wk;
  FILE * fp;
  fp=fopen("D:\\file1\\e12_52.dat","wb");
  if(fp==NULL)
```

```
        { printf("Error!\n");
          exit(0);}
     for(i=1;i<=12;i++)
        { scanf("%d%d%d",&wk.month,&wk.worka,&wk.workb);
          fwrite(&wk,sizeof(struct worker),1,fp);}
     fclose(fp);
     return 0;
    }
```

【题 12.53】
```
#include <stdio.h>
#include <stdlib.h>
int main( )
{ FILE * fp;
  char str[100];
  int i=0;
  if ((fp=fopen("upper.txt","w"))==NULL)
    { printf("Cannot open file!\n");
      exit(0);
    }
  printf("Enter a string:\n");
  gets(str);
  while (str[i]!='!')
    { if (str[i]>='a'&& str[i]<='z')
        str[i]=str[i]-32;
      fputc(str[i],fp);
      i++;
    }
  fclose(fp);
  fp=fopen("upper.txt","r");
  fgets(str,strlen(str)+1,fp);
  printf("%s\n",str);
  fclose(fp);
  return 0;
}
```

参 考 文 献

[1] 谭浩强. C 程序设计[M]. 5 版. 北京：清华大学出版社，2017.

[2] 鲍有文,周海燕,崔武子,等. C 程序设计试题汇编[M]. 3 版. 北京：清华大学出版社，2012.

[3] 鲍有文,等. C 程序设计(二级)样题汇编[M]. 北京：清华大学出版社，2002.

[4] 周海燕,等. C 程序设计(二级)辅导[M]. 北京：清华大学出版社，2002.

[5] 鞠慧敏,李红豫,梁爱华. C 语言程序设计[M]. 4 版. 北京：清华大学出版社，2021.

[6] 崔武子,李青,李红豫. C 程序设计辅导与实训[M]. 2 版. 北京：清华大学出版社，2009.

图书资源支持

感谢您一直以来对清华版图书的支持和爱护。为了配合本书的使用,本书提供配套的资源,有需求的读者请扫描下方的"书圈"微信公众号二维码,在图书专区下载,也可以拨打电话或发送电子邮件咨询。

如果您在使用本书的过程中遇到了什么问题,或者有相关图书出版计划,也请您发邮件告诉我们,以便我们更好地为您服务。

我们的联系方式:

清华大学出版社计算机与信息分社网站: https://www.shuimushuhui.com/

地　　址: 北京市海淀区双清路学研大厦 A 座 714

邮　　编: 100084

电　　话: 010-83470236　010-83470237

客服邮箱: 2301891038@qq.com

QQ: 2301891038 (请写明您的单位和姓名)

资源下载: 关注公众号"书圈"下载配套资源。

资源下载、样书申请

图书案例

书 圈

清华计算机学堂

观看课程直播